特种建（构）筑物建造安全控制技术丛书

高耸构筑物施工安全控制技术

李慧民　钟兴润　著

北　京
冶　金　工　业　出　版　社
2021

内 容 提 要

本书结合钢筋混凝土冷却塔、烟囱、筒仓、桥墩等高耸构筑物施工项目，阐述了高耸构筑物施工安全控制机理、施工安全控制技术与施工安全管理等内容。首先介绍了高耸构筑物施工、事故特征与危险源；然后系统分析了事故影响因素与事故管理指标；并基于施工时变结构的理念进行了结构安全分析；进而探讨了施工安全监测方案的制定与预警系统的建立，并建立绩效评估模型以提升施工安全控制水平；最后通过实际案例系统应用了所构建的系统与模型。

本书可供高耸构筑物设计单位、建设单位、施工单位以及监理单位等相关人员阅读，也可作为高等院校相关专业教学用书。

图书在版编目（CIP）数据

高耸构筑物施工安全控制技术/李慧民等著 . —北京：
冶金工业出版社，2021. 3
（特种建（构）筑物建造安全控制技术丛书）
ISBN 978-7-5024-8671-6

Ⅰ. ①高…　Ⅱ. ①李…　Ⅲ. ①高耸建筑物—建筑施工
—安全管理—研究　Ⅳ. ①TU761. 3

中国版本图书馆 CIP 数据核字（2020）第 266483 号

出 版 人　苏长永
地　　址　北京市东城区嵩祝院北巷 39 号　邮编　100009　电话　（010）64027926
网　　址　www. cnmip. com. cn　电子信箱　yjcbs@ cnmip. com. cn
责任编辑　杨　敏　美术编辑　彭子赫　版式设计　禹　蕊
责任校对　郑　娟　责任印制　李玉山
ISBN 978-7-5024-8671-6
冶金工业出版社出版发行；各地新华书店经销；三河市双峰印刷装订有限公司
2021 年 3 月第 1 版，2021 年 3 月第 1 次印刷
169mm×239mm；10. 75 印张；206 千字；162 页
69. 00 元

冶金工业出版社　投稿电话　（010）64027932　投稿信箱　tougao@ cnmip. com. cn
冶金工业出版社营销中心　电话　（010）64044283　传真　（010）64027893
冶金工业出版社天猫旗舰店　yjgycbs. tmall. com
（本书如有印装质量问题，本社营销中心负责退换）

前　言

本书针对高耸构筑物施工所具有的高空作业时间长、立体交叉作业工作量大、施工作业面有限、结构变形明显、操作平台悬空、垂直运输难度较大、极易发生安全事故等特点，系统地对高耸构筑物施工安全控制的理论与实践进行了研究。全书共分为6章，第1章介绍了高耸构筑物施工安全控制背景、施工简介，分析了施工安全事故特征与危险源，并提出了施工安全主动控制体系；第2章从事故管理的角度系统总结了施工安全事故影响因素，利用系统动力学分析了事故管理指标间的反馈关系，得出了事前管理模式；第3章总结了高耸构筑物施工主要技术，基于施工时变结构的理念提出了高耸构筑物施工结构安全分析的方法与步骤，并以钢筋混凝土冷却塔为例进行了案例分析；第4章依据相关规范、监测仪器，探讨了施工安全监测技术选择与监测方案的制定，并提出了施工安全预警系统；第5章结合过程管理的思想构建了施工安全管理绩效评价指标体系，并综合相关规范给出了评价标准；第6章依据实际项目对前述研究内容进行了应用与验证。

本书主要由李慧民、钟兴润撰写。各章撰写分工为：第1章由李慧民、计亚萍撰写；第2章由钟兴润、刘亚丽撰写；第3章由李慧民、钟兴举撰写；第4章由李慧民、王安东撰写；第5章由钟兴润、于光玉撰写；第6章由钟兴润撰写。

本书的撰写得到了西安建筑科技大学等科研机构和建筑施工企业的大力支持与帮助，同时还参考了许多专家和学者的有关研究成果及文献资料，在此一并表示衷心的感谢！

由于作者水平有限，书中不足之处，敬请广大读者批评指正。

作　者
2021 年 1 月

目　　录

1 高耸构筑物施工安全控制机理

1.1 高耸构筑物施工安全控制起源

1.1.1 施工安全控制背景

随着工业化发展进程的推进，各地区不断增加对电力行业、石油化工行业、采矿业、核工业等的投资，高耸构筑物的建造数量也随之增多。随着使用需求的增加与建造技术的进步，高耸构筑物的使用功能、结构形式、材料设备、施工工艺等方面都有了新的变革和发展。施工质量控制技术日益多样化、施工队伍的不断专业化、施工过程中各施工要素间关系越来越复杂、现场组织与协调难度越来越大，这对施工过程的安全控制提出了新的要求。

随着我国安全生产监管力度的加大，建筑施工相关主体也越来越重视安全管理工作。但遗憾的是，在高耸构筑物施工过程中由于工期要求紧、施工队伍之间工作衔接多、现场施工组织关系复杂等原因导致施工安全技术交底不彻底、违规操作、安全管理混乱等问题频繁出现，施工过程中安全事故时有发生。施工过程中发生的安全事故统计见表1-1。

表 1-1　施工安全事故统计

序号	事故发生时间	事故地点	结构类型	事故类型	事故后果
1	1978 年 4 月 27 日	美国西弗吉尼亚州	冷却塔	结构坍塌	51 人死亡
2	1998 年 9 月 9 日	青海	冷却塔	支撑系统坍塌	4 人死亡、48 人重伤
3	2004 年 5 月 12 日	河南安阳	烟囱	井架坍塌	31 人伤亡
4	2006 年 11 月 11 日	四川成都	冷却塔	结构坍塌	5 人死亡、2 人受伤
5	2007 年 1 月 7 日	呼和浩特	烟囱	火灾	—
6	2009 年 9 月 23 日	印度科尔巴	烟囱	结构坍塌	41 人死亡
7	2012 年 6 月 8 日	内蒙古	冷却塔	操作平台坍塌	7 人死亡、1 人受伤
8	2012 年 6 月 8 日	威信县麟凤镇	冷却塔	支撑系统坍塌	7 人死亡、1 人重伤
9	2014 年 2 月 26 日	湖北襄阳	烟囱	构件垮塌	—
10	2016 年 6 月 5 日	山东淄博	烟囱	结构坍塌	3 人伤亡
11	2016 年 11 月 24 日	江西丰城	冷却塔	平桥吊坍塌	74 人死亡、2 人受伤

纵观高耸构筑物施工安全事故，从事故类型来看，以结构坍塌和操作平台支

撑系统坍塌为主;从事故后果来看,事故造成的人员伤亡数量多、财产损失大、工期延误长;从社会效应来看,其社会影响极其恶劣。

尤其是 2016 年江西省丰城电厂三期项目在建冷却塔施工过程中,在上午作业开始前两个工作班交接工作时发生的平桥吊坍塌事故造成严重的社会影响。事发冷却塔高 165m,事故发生时塔身已浇筑至 76.7m 标高处。施工方在冷却塔筒壁混凝土强度不足的情况下,违规拆除模板,致使刚拆除模板的塔身混凝土失去支撑,因自身强度不足以承受上部荷载从底部最薄弱处开始坍塌,最终导致刚拆除模板部位的塔身部分及施工操作平台体系发生连续性坍塌。

为了确保高耸构筑物安全运行,在设计阶段、施工阶段及运维阶段都要进行严格控制。在设计阶段要综合考虑风振效应、结构动力效应、结构可靠性等对结构安全性的影响,在运维阶段需要对结构安全性、可靠性等进行定期检测鉴定与维修。在高耸构筑物施工过程中,施工要素的位置及状态不断改变,各种不安全因素交互影响,现场施工安全控制与管理难度大。在施工阶段,一方面需要对施工过程结构安全性进行控制,若存在施工缺陷或对缺陷控制不严都会对构筑物的结构安全性造成不良影响,需要研究和改进施工方法,提升对施工精度的控制;另一方面,需要保证施工过程安全有序进行,通过对现场各类人员的行为、机械、材料、设备设施、作业环境等的状态进行监督管理,发现存在不安全行为或不安全状态要及时整改,确保施工过程安全顺利进行。

1.1.2 施工安全控制现状

1.1.2.1 结构安全控制

工程结构是指土木工程的建筑物、构筑物及其相关组成部分的总称,是以砖、石、木材、钢、混凝土及钢筋混凝土等各种工程材料建成的能承受荷载或其他作用的构件的组合体。结构的安全性将直接关系到人们的生命安全。

工程结构的安全性是结构工程师最为关心的问题。工程结构设计中涉及安全性的要求主要有:能承受正常施工和正常使用期间可能出现的各种作用(荷载、外加变形、约束变形);在偶然作用(地震、爆炸、洪水、暴风)发生时及发生后,能够保持其基本的整体稳定性。

对于高耸构筑物结构安全的研究多集中于设计阶段,关于施工荷载对结构安全影响的研究较少。安全装置设计、智能检测与预警是施工机械研究的主要内容。

例如,学者朱鹏建议在冷却塔的施工设计中支柱类型可以优先采用人字形支柱,支柱截面设计可以优先考虑圆形截面;柯世堂研究了施工期间冷却塔的风致效应,发现冷却塔的风振影响随着高度的增加逐渐减弱,考虑混凝土的龄期与施工荷载工况的影响后冷却塔抗风稳定性会减弱;张军锋等分析了冷却塔表面荷载的分布情况对塔筒内力的影响，研究表明冷却塔筒体内力在环向表现出较强的局部性等。

同时，大多学者从施工安全评价、施工机械安全使用等方面进行了多方面的理论与应用研究。其中施工机械安全使用方面的研究与应用主要集中在垂直运输机械的安全装置、安全监测与预警方面。徐艳华假设高处作业吊篮的悬挂构架是一含有立柱、横梁以及钢丝绳的构架系统，通过数值分析，完成了考虑钢丝绳预应力的悬挂构架的力学性能分析；分析研究得到一套适用于塔吊结构有效寿命评估的方法，可实现塔式起重机的智能化控制。该方法不仅可以对在役塔吊进行有效寿命评估，还能为新式塔吊的设计与使用提供技术保障；吴海涛基于 BP 神经网络提出了一种自动平层控制方法，能够实现准确、高效的控制施工升降机，但这种技术必须增配变频器等辅助设备，开发成本较高，且操作程序繁琐。

1.1.2.2　施工安全管理

国外对安全风险管理的研究开始于 20 世纪 60 年代，企业高层管理者通过提升员工的安全素养和意识程度有效降低了安全事故发生的频率，安全教育培训的提出与实践增强了施工人员的安全意识，通过制定全面、有针对性的安全施工计划，可以保障施工人员在施工进程中的安全性。系统动力学理论与应用研究涉及众多学科和领域，被广泛应用于解决各种复杂的问题，在安全管理领域也得到了广泛应用。现阶段关于施工安全危险源管理、安全行为以及安全投入等方面的研究是国内学者关注的重点，但针对事故管理、安全教育管理的专门研究较少。

学者林陵娜鉴于国内施工现场安全识别仍依靠现场管理人员的现状，通过系统动力学构建施工安全状态识别模型，构建动力学方程，得出了在不同影响因素值下的施工安全状态；学者鲍威构建了人、机、环系统动力学因果关系子系统，分析系统内因果关系回路，发现安全事故发生的关键主导因素包括管理层的安全态度、操作层的安全意识、监理方监督、安全防护设施和保护装置等；学者柴国荣在分析地铁施工安全的风险影响因素的基础上，建立了系统动力学模型，得到因素因果关系图，通过仿真和灵敏性分析，研究了进度与施工安全风险的关系。

1.1.2.3　绩效评价研究

近 10 年，国内学者关于安全绩效的研究主要侧重于绩效评价框架建立、绩效评价指标确定、绩效评价方法选择方面。有关安全绩效的研究多形成了建立安全绩效评价指标体系、选择评价方法、构建评价模型的思路，在研究与实践中都得到了良好的验证。关于评价结果的深入分析与利用的研究尚少。

胡少培通过分析安全投入、安全行为和安全绩效的作用机理，建立支 SVM 模型，应用该模型对安全投入与安全绩效进行仿真分析，得到二者之间的非线性关系；邓小鹏识别出影响地铁施工安全绩效的五大类 48 个关键指标，研究表明项目各参建方对安全的关注程度和现场环境的状态对地铁安全绩效的影响程度最大；胡芳结合可持续发展理论、利益相关者理论和绩效评价理论，建立综合评价模型，定量地分析了影响绩效的因素。

通过以上对国内外学者的相关研究现状的综述可以看出，以往典型的高耸构筑物施工成功案例、学者们的研究成果以及国家相应的规范标准已经为高耸构筑物的施工安全控制奠定了一定的基础。但是，在现阶段的学术研究与实际应用方面，高耸构筑物施工安全控制存在如下问题：

（1）高耸构筑物结构的研究多集中在结构设计方面，尤其在风振效应、结构动力效应、结构可靠性、结构稳定性控制等有较多的研究，但关于施工期间结构安全性及稳定性的研究较少，且研究深度不足。

（2）施工安全控制技术的研究中，对结构自身的安全性研究较多，如单因素对结构的影响、操作平台本体的受力特性、单个杆件的变形位移、垂直运输机械的安全特性等。由于施工过程结构本身未达到设计的承载力，且操作平台、垂直运输系统等对结构存在交互影响，因此需要对施工过程结构、施工操作平台、附着于结构上的垂直运输设备的受力特性等进行深入研究。

（3）施工安全管理技术的研究以管理方法、事故原因分析以及管理措施的研究居多，但对施工过程中安全事故发生机理及因素间相互关系分析的研究较少。施工安全事故的发生受诸多因素的影响，因此需要深入分析施工安全管理要素间的反馈关系，为施工安全管理提供支持。

（4）施工安全管理绩效的研究主要针对绩效的几个构成要素从宏观层面研究了经济投入所获得的安全效益，对宏观要素的内涵和要素间深层次的关系未作系统研究。在建设项目实施过程中，存在着许多安全控制效果不明显、安全管理绩效低、安全投入与效益出现反差的现象。目前高耸构筑物施工过程存在由于决策失误或缺乏管理手段导致安全资源短缺或过度的现象。因此需要就高耸构筑物施工安全管理绩效的提升展开系统的研究。

1.1.3　施工安全控制内涵

我国的建筑行业已经是我国的基础行业，是国民经济的支柱性产业，所以建筑行业的安全发展受到了全社会的密切关注，因为有着如此重要的位置，所以建筑施工的安全更是备受关注。当前我国建筑行业的环节众多，因此还是有很多的安全隐患，近些年伴随着建筑行业的不断发展，我国的建筑安全事故经常发生，安全问题十分严重。在冬季、夏季等极端天气条件下，施工人员在露天作业，因此在各种自然环境或意外因素下，仍会存在许多安全问题，这是我国目前普遍存在的安全问题。施工中的安全问题不仅影响整个工程的顺利发展，而且还存在生命安全问题。因此，建筑工程施工安全控制十分必要。

相较于其他工程，高耸构筑物施工结构高度高、难度大、作业面有限，且施工工艺复杂等特点，在其施工过程中存在着许多复杂且相互关联的风险。一旦发生安全事故，会造成大量人员伤亡、经济损失和恶劣社会影响，由此可见高耸构筑物施工过程中的安全控制是至关重要的。

高耸构筑物施工安全控制，就是在高耸构筑物施工过程中，为保证项目具体实施各项活动中人、物、环境的安全，运用现代安全管理的原理、手段和方法，分析并研究各种潜在的不安全因素，从技术组织和管理上采取针对性的防控措施，及时有效地消除和解决各种不安全因素，防止安全事故的发生。

随着高耸构筑物的发展，不仅对施工质量与安全控制带来了技术挑战，而且在施工过程中具有很大的危险性，易发生坍塌、高坠、物体打击等安全事故。因此，必须系统研究如何多角度、多方位地进行施工安全控制，从安全控制技术、安全管理技术以及绩效评价技术三方面展开研究，并兼顾技术的可靠性、可行性，实现施工过程与安全控制的良好结合，为高耸构筑物施工安全控制体系的建立提供技术支撑和理论依据，这具有重要的学术意义；同时，研究内容联系实际，对于高耸构筑物项目的施工安全控制具有重要的指导意义。

1.2 高耸构筑物施工简介

1.2.1 高耸构筑物结构类型

平面尺寸相对较小而高度尺寸较大的构筑物称为高耸构筑物。电视塔、烟囱、压力水塔、冷却塔、塔式井架、仓塔架、化工反应器支架、输电线塔架以及高支桥墩等均属于高耸构筑物的范畴，这些高耸构筑物都同我们的生活息息相关，现主要介绍以钢筋混凝土为材料的圆筒状自立式高耸结构，具体内容见表1-2。

表 1-2 高耸构筑物类型

序号	高耸构筑物类型	内　　容
1	冷却塔	冷却塔是利用水与空气流动接触后进行冷热交换产生蒸汽，蒸汽挥发带走热量达到蒸发散热、对流传热和辐射传热等原理来散去工业上或制冷空调中产生的余热来降低水温的蒸发散热装置，以保证系统的正常运行，装置一般为桶状，故名为冷却塔
2	烟囱	烟囱用来排除由火引起的气体或烟尘，是一种把烟气排入高空的高耸结构，能改善燃烧条件，减轻烟气对环境的污染，一般有砖烟囱、钢筋混凝土烟囱和钢烟囱三类
3	水塔	水塔的主要作用是储水和配水，以此来保持和调节给水管网中的水量和水压，主要由水柜、基础和连接两者的支筒或支架组成
4	筒仓	筒仓是贮存散装物料的仓库，采用砖石、木材、钢筋混凝土或钢材建造
5	桥墩	多跨桥的中间支承结构称为桥墩，桥墩的作用是支承桥跨结构

1.2.2 高耸构筑物施工关键技术

高耸构筑物施工内容同一般的民用与工业建筑类似，都是主要由混凝土工程、钢筋工程和模板工程组成。根据高耸构筑物结构高大的特点，其传统施工方案比较常见的有滑模施工、爬模施工和电动升模施工。随着高耸构筑物高度的增加和新型高耸构筑物结构的出现，施工技术得到了一定的发展，施工方案也随之不断改进和创新。对于高耸构筑物施工过程中体现的关键技术，具体内容见表1-3。

表 1-3 高耸构筑物施工关键技术

施工技术	基本原理	优 点	缺 点	适用范围
滑模施工	利用已成型混凝土筒壁支承杆以液压为提升动力带动体系提升	机械化程度高、施工文明、大量节约模板、施工速度快、造价低	大型单体高耸建筑的施工中，易发生滑模操作盘倾斜、滑模盘平移等现象，造成构筑物中心漂移	适用于筒仓结构、桥墩、塔型结构等
爬模施工	利用已经具有一定强度的混凝土筒壁以电机为动力驱动体系提升	减少起重机械数量、加快施工速度，经济效益较好	混凝土施工速度较慢	适用于结构超高的高耸构筑物施工
电动升模施工	以筒壁为承力主体，通过附着于筒壁上的支模操作架和提升架，以及联结操作架和提升架的提升设备，一架固定，交替爬升	施工安全可靠，总体施工速度快；混凝土施工质量好，可有效避免筒壁钢筋的锈蚀	内筒和外筒同步施工，平台承受的荷载大；施工方案中采用丝杆传动，施工环境差、故障率高、劳动强度大	适用于大小不同口径的高耸构筑物施工
悬挂式三角架翻模施工	将操作平台、模板支撑、塔身以及安全防护融合成一体，主要由钢模板、水平杆、竖杆、走道板、对拉螺栓及安全网等组成	投入较小	施工过程易受到环境因素的影响	适用于大部分双曲线型钢筋混凝土冷却塔塔身施工
垂直施工电梯	采用的是工厂化生产制造的普通施工电梯	安装方便、操作简单、安全可靠	存在施工安全隐患	适用于各种结构形式的高耸构筑物施工

1.2.3 高耸构筑物施工特征

通常情况下，所谓构筑物就是不具备、不包含或不提供人类居住功能的人工建造物，比如水塔、水池、过滤池、澄清池、沼气池等。与常规建筑活动相比，高耸构筑物施工具有结构高度高、露天作业等特点，并易受现场自然环境、临时作业环境、单位间协调关系等外在因素影响。

（1）高空作业。一般而言，高耸构筑物的施工高度都超过100m，现在随着结构设计、建筑技术、建筑材料、工程机械发展的日新月异，高耸构筑物的高度越来越高。电厂的烟囱高度常超过200m，中央电视台电视塔高度达到380m，广州、上海等地也相继建成了数个300m以上的高耸电视塔。现今世界上最高的高耸构筑物是我国广州的新电视塔，高度达到610m，我国高耸构筑物建造水平已达到国际先进水平。

（2）露天作业。高耸构筑物一般结构高大，可达数百米，所以施工作业皆为露天作业。同时，由于工作条件的恶劣性，所以在施工过程中易直接导致伤亡事故。

（3）作业场地狭小。由于高耸构筑物施工作业场地狭小，所以在施工过程中存在诸多安全隐患，多工种交叉作业易导致机械伤害、物体打击。

（4）手工操作多、劳动强度高。高耸构筑物施工手工操作多、劳动强度高的作业带来了施工人员体能的巨大消耗，直接导致不规范操作，易引起安全事故。

（5）易受环境影响。由于高耸构筑物的构造特点，使得其结构方案和工程施工方法相互依赖，其施工与周边环境影响密切。高耸构筑物施工过程中，由于日光照射、大气作用、机械振动和施工偏载等因素的影响，构筑物会发生弯曲，施工平台会发生缓慢摆动。通常情况下，这种弯曲和摆动常常大于施工精度要求。

在日光照射下，高耸构筑物的向阳面和背阴面温差较大，阴阳两面存在不均匀膨胀，使构筑物向背阴面弯曲。耸构筑物存在一定的柔度，在风力、施工工作面机械振动以及施工偏载的作用下，施工平台会在一定范围内缓慢摆动，且这种摆动是随机的、无序的，对构筑物竖向轴线定位测量工作影响很大。

1.3 高耸构筑物施工安全问题分析

1.3.1 施工安全调研分析

2013年至今，课题组就高耸构筑物施工项目多次开展全国范围内的调研活动。调研以网络资源查询、文献汇总、实地考察等多形式多层次的方式开展，先后对包括西电东送北线陕西省范围部分火力发电厂在内的17个城市20个冷却塔施工项目进行实地调研，包括全面调研和典型调研。全面调研的调研对象主要为钢筋混凝土冷却塔，也包括烟囱、筒仓等薄壁筒式构筑物，调研内容包括项目概况、结构形式、施工工艺、安全措施、组织体系以及安全管理状态等；典型调研主要针对全面调研过程中出现的典型性项目进行回访和跟踪调查。调研所涉及项目所在区域如图1-1所示。

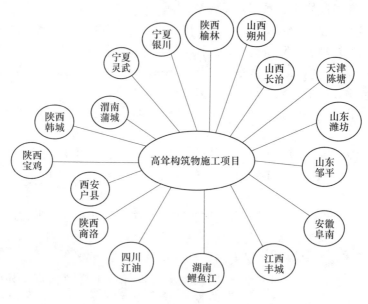

图 1-1　调研项目所在区域

1.3.1.1　调研项目特征

对调研结果进行汇总分析后，可以看出目前我国不同地区、不同阶段对高耸构筑物施工安全控制问题的重视程度参差不齐，继而在政策执行、控制标准制定、制度建设、组织管理上存在较大差异。现从多方面分类说明高耸构筑物施工安全控制的调研情况，调研项目基本情况统计信息见表1-4。

表 1-4　调研项目基本情况统计信息

序号	项目区域	基本信息		技术信息			管理信息		
		结构形式	标高	施工工艺	操作平台	垂直运输	管理模式	安全员配置	安全事件
1	安徽阜南	冷却塔	60.6m	三角架翻模施工	附着式三角架	塔吊、垂直升降机	DBB	2	扣件坠落
2	陕西榆林	冷却塔	70m	附着式三角架翻模	悬挑脚手架	9孔金属井架	DBB	1	未系安全带
3	西安户县	冷却塔	75m	翻模施工	悬挑脚手架	施工电梯、塔吊	DBB	2	违规拆除脚手架
4	天津陈塘	冷却塔	115m	附着式三角架翻模	满堂脚手架	垂直升降机	DBB	3	恶劣天气作业

序号	项目区域	基本信息		技术信息			管理信息		
		结构形式	标高	施工工艺	操作平台	垂直运输	管理模式	安全员配置	安全事件
5	渭南蒲城	冷却塔	116m	翻模施工	悬挑脚手架	16孔金属井架	DBB	2	起吊点不正确
6	陕西宝鸡	冷却塔	123m	翻模施工	悬挑脚手架	施工电梯、塔吊	DBB	2	防护栏不可靠
7	山东邹平	冷却塔	150m	三角架翻模	悬挂式三角架	液压顶升平桥	EPC	4	走道上材料零乱
8	山东潍坊	冷却塔	150m	悬挂式脚手架翻模	悬挂式脚手架	液压顶升平桥、塔吊	DBB	4	向上投掷作业工具
9	湖南鲤鱼江	冷却塔	150m	悬挂式脚手架翻模	悬挂式脚手架	施工电梯、塔吊	DBB	4	模板支撑不稳
10	江西丰城	冷却塔	165m	悬挂式脚手架翻模	悬挂式脚手架	液压顶升平桥	EPC	4	施工平台坍塌
11	云南磷肥	烟囱	80m	三角架翻模	悬挂式三角架	液压顶升平桥	EPC	2	施工井架坍塌
12	山西长治	烟囱	120m	爬模施工法	悬挑脚手架	施工电梯、塔吊	DBB	1	高空坠落
13	陕西宝鸡	烟囱	110m	翻模施工	悬挑脚手架	施工电梯、塔吊	DBB	2	井架吊笼坠落
14	陕西韩城	烟囱	80m	悬挂式脚手架翻模	悬挑脚手架	施工电梯、塔吊	EPC	2	高空坠落
15	西安户县	烟囱	93m	悬挂式脚手架翻模	悬挑脚手架	施工电梯、塔吊	EPC	2	施工平台坍塌
16	陕西商洛	烟囱	98m	翻模施工	悬挑脚手架	施工电梯、塔吊	EPC	1	模板支撑不稳
17	江西丰城	烟囱	210m	悬挂式脚手架翻模	悬挑脚手架	施工电梯、塔吊	DBB	2	恶劣天气作业
18	宁夏灵武	烟囱	150m	悬挂式脚手架翻模	悬挂式三角架	施工电梯、塔吊	DBB	2	高空坠落
19	宁夏银川	烟囱	125m	翻模施工	悬挂式三角架	施工电梯、塔吊	EPC	1	触电
20	宁夏银川	烟囱	165m	翻模施工	悬挂式三角架	施工电梯	EPC	2	高空坠落

1.3.1.2 调研项目管理特征分析

高耸构筑物施工安全控制主要从管理和技术等层面进行，不同施工单位对于安全控制标准设置不同，执行力度也有较大差异。在调研中发现，管理层面（制度建设、安全员配置、现场巡查等）存在的差异最为明显，技术层面（结构安全、安全防护装置、垂直运输设备安全等）存在较大漏洞。

A 安全员配置不足

调研项目中安全员配置情况如图 1-2 所示。大部分项目的安全员配置符合规范要求，部分项目虽满足要求，但缺乏专项安全员。

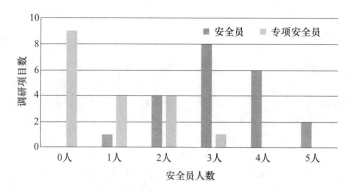

图 1-2 调研项目安全员配置情况

B 消防问题突出

高耸构筑物施工操作空间狭小、逃生路径单一，一旦发生火灾必定导致较大的安全事故。但是在现场调研中发现，施工现场消防安全管理缺乏良好的执行力度，虽然大部分施工项目均有详细指出并规定消防安全管理要求，但存在与计划不符的情况。主要问题包括消防标志缺失、缺乏消防器材、消防设施不到位、消防教育不足、违章用火等，各类问题占比如图 1-3 所示。

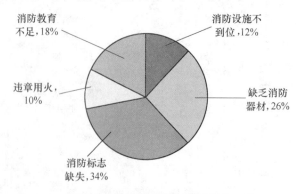

图 1-3 各类消防安全问题占比

C 违规施工

调研中还发现，多数施工项目在未全面完成上道工序确认的情况下即进入下一道工序，例如三角架搭设完成后未进行安全检查就进入施工状态；混凝土强度未达到翻模要求就进行三角架的拆装等。对于高耸构筑物而言，在无法确定下一节混凝土抗压强度值是否达到要求的情况下，进行翻模施工将产生较大的安全隐患。

1.3.1.3 典型项目调研分析

高耸构筑物施工过程存在着诸多管理问题与技术问题，针对特定的安全问题进行回访或跟踪调研，统计分析安全问题及事故规律。调研主要针对结构安全控制典型项目、事故典型项目、安全管理典型项目，现对调研冷却塔项目进行着重分析。

A 结构安全控制典型项目

随着发电厂单机装机容量的增大，用水量逐渐增加，冷却塔也越向高（结构高度增高）、大（淋水面积增大）方向发展。电厂内的冷却塔已从过去的大中型冷却塔转为超大型冷却塔。但是《火力发电厂水工设计规范》（DL/T 5339—2006）只适用于高度小于 165m 的冷却塔的结构设计，而且针对超大型钢筋混凝土冷却塔的施工国内很少有工程经验可借鉴，存在一定的技术难度。

针对上述情况，在进行典型项目调研时，专门针对此类超大型钢筋混凝土冷却塔施工进行了跟踪调研。该典型项目位于山西省长治市，建设规模为 2×660MW。为电厂所配备的冷却塔已于 2017 年 9 月完成封顶，建成后成为底直径最大（X 柱零米直径 185.072m）、高度最高的 "世界第一塔"。国内同类型同高度的冷却塔在建项目较少，可参考的案例较少，部分塔身节点的施工工艺发生变化，安全管理要求显著提升，施工过程中施工技术及管理经验只能借鉴同类型冷却塔项目的施工经验，为施工过程增加了安全隐患。

该型冷却塔与普通冷却塔相比，塔身外侧均布了 96 条纵向混凝土肋条，因此模板的选型与配置就发生了相应的变化。纵向肋条模板采用成型模板，安装时两边分别与外模板进行螺栓连接。为防止施工时漏浆，肋条模板与塔身模板接缝之间镶嵌有密封条，并严格控制肋条与模板接缝处的弧度。

鉴于该冷却塔施工高度远超规范中的设计要求，因此在塔身内侧 73.145m、95.599m、139.146m 处水平设置三道环梁，且在塔身内壁进行环梁施工，这在国内尚属首例。环梁施工工艺较为特殊且无经验可循，因此项目部通过优化施工方案并采取了诸多安全技术措施以确保环梁施工质量。主要措施包括模板选择、工艺优化以及重养护：

（1）为保证环梁表面平整光滑、棱角分明，且避免拆模过程破坏环梁，优选镜面板做为环梁施工的底模；

（2）为确保不出现垂直施工缝，优化施工工艺，采用赶浆法进行环梁混凝土浇筑施工，使用两台泵车从一点开始向相反方向浇筑，连续进行浇灌；

（3）通过后期的严格养护保障混凝土质量，采用常规浇水的方式进行环梁养护，在环梁强度达到100%后拆除环梁底模板。

B　施工安全事故典型项目

江西丰城发电厂事发7号冷却塔是三期扩建工程中的一座逆流式双曲线型自然通风钢筋混凝土冷却塔。该冷却塔设计高度165m，事故发生时已浇筑76.7m。总结事故发生原因主要有以下两点：

（1）翻模速度过快。冷却塔施工时，上层模板、施工荷载及混凝土重量的唯一承载体即为下层筒壁，下层筒壁的强度决定了施工过程的安全性。因此，在拆装翻模时应严格按照筒壁混凝土强度要求进行模板的拆装，控制翻模速度及作业速度，在下层筒壁混凝土强度达到要求后再进行作业。根据施工记录及强度试验，该事故冷却塔在拆模时筒壁混凝土信息见表1-5。

表1-5　筒壁混凝土信息

模板节号	混凝土龄期/h	当日温度/℃	同条件模拟强度/MPa	标准拆模强度/MPa
第50节	29~33	17~21	0.89~2.35	>12
第51节	14~18	6~17	0~0.29	>6
第52节	2~5	4~6	无强度	>2

塔身施工过程中，发生气温骤降的情况，但施工单位未采取相应的技术措施加快混凝土强度发展，并且养护条件不合理导致在相同时间内混凝土强度发展未达到拆模要求。在混凝土强度低且养护时间不足的情况下，施工单位仍进行模板的拆装作业，最终导致结构整体连续性倒塌。

（2）安全管理不足。事故发生的原因主要可分为直接原因和间接原因。直接原因在于在冷却塔筒壁混凝土强度不足的情况下拆装模板，致使上部模板及结构失去下层有效模板的支撑，继而发生连续倾塌坠落。间接原因为施工单位安全基础管理工作薄弱，建设方施工现场监管不足，忽视冷却塔施工安全事故的后果。

筒壁施工过程中，施工单位对施工进度进行了大幅度调整，而且建设单位、监理单位、总承包单位项目部均未对调整后的工期进行论证及评估，也未提出相应的组织措施和安全保障措施。表现出施工单位安全意识不足、安全管理组织体系和制度不健全，监理单位缺乏相应的经验、施工现场监理工作不足。

施工单位在冷却塔施工过程中，关于塔身模板的拆装，未进行任何的书面记录，也未通知总承包单位和监理单位。而劳务作业队伍一直执行施工单位制定的拆装模板、混凝土浇筑、钢筋绑扎的施工计划，从中可以看出施工单位安全基础管理工作薄弱，重视施工进度而忽略了安全工作；同时施工队伍的安全素质和自我防护意识较差。

安全事故的发生深刻地反映了各方参建单位安全意识薄弱、安全监督制度不完善、责任划分不明确等问题。同时施工单位处理事故的方式欠妥。安全事故管理对于高耸构筑物施工尤为重要，安全事故救治是否及时、处理是否得当关乎到事故发展的严重程度以及社会影响。

C 施工安全管理典型项目

该项目位于山东邹平，是一座自然通风双曲线型冷却塔。冷却塔的结构设计使用年限为 50 年。该冷却塔结构信息见表 1-6。

表 1-6 冷却塔结构信息

塔顶标高	150.000m	出口直径	69.462m
喉部标高	112.500m	喉部直径	66.500m
进风口高度	10.000m	进风口直径	112.000m
最小壁厚	0.400m	最大壁厚	1.300m

该项目施工安全管理引入 MIS 信息管理系统，借助信息技术对施工过程进行动态控制，显著提升了安全管理效率。所使用的 MIS 系统是以人为主导，利用计算机硬件、软件、网络通信设施及其他办公设备，进行信息收集、共享、传输、加工、储存、更新和维护，支持企业高层决策、中层控制、基层操作的集成化人机系统。在施工现场建立项目部 MIS 系统并与 internet 网络连接，实现对工程建设质量、进度、安全、物资的科学管理和动态的过程控制。利用 MIS 系统使得项目安全管理可视化，加强了管理人员对施工现场安全状态的了解程度，并且提升了安全管理指示下达的准确性，显著提高了现场安全管理水平。

目前钢筋混凝土冷却塔施工技术已经较为成熟，施工安全管理在制度建设、组织体系方面也已日趋完善。随着超高超大型冷却塔的不断出现，施工技术不断改进，项目安全管理理念持续更新，与此同时，施工安全控制标准也在逐步提升。为提升项目施工安全控制水平，除了引入成熟的技术、完善现有制度外，还应重点关注施工安全控制技术与安全管理措施的执行力与控制效果评价。而如何评判控制措施或手段的有效性、管理效果的真实性是施工过程中项目安全管理的不足之处。在调研中发现，虽然部分项目进行了施工安全管理评价，但存在评价方法单一、缺少科学依据、评价系统不完善及评价滞后等问题。

1.3.1.4 典型项目安全问题汇总分析

A 结构安全问题

高耸构筑物施工过程的安全影响因素不计其数，结构方面的影响包括施工方案设计、施工荷载变化、施工方式和施工机具的选择以及暴雨、低温、大风、地震等环境因素的影响。结构安全控制一方面通过提升安全技术水平，另一方面可以通过控制施工进度计划来实现。

B 危险源管理不足

高耸构筑物施工周期长、施工人员分布密度大，因此危险源管理是施工过程中一个突出的问题。在调研项目中，施工单位存在超前施工、工艺控制把控不严等情况。虽然在施工前进行了危险源辨识，但在施工过程中未采取相应的管理措施。

同时，高耸构筑物施工各参与方关系复杂，部分施工项目存在安全生产责任不明确，缺乏安全投入最低量化标准，甚至有将安全投入挪作他用的行为。

1.3.2 施工安全事故特征

1.3.2.1 安全事故类型

施工安全事故是指在正常的高耸构筑物施工过程中，由于施工组织或管理等原因，造成施工过程中施工条件的变化，导致实际施工过程与预想产生偏差，形成损失或伤害的意外事件。在建筑安全领域，安全事故是指在建筑生产活动过程中发生的一个或一系列意外的可导致人员伤亡或疾病、建筑物或设备损毁及财产损失的事件。按照国家标准《企业职工伤亡事故分类标准》（GB 6441—1986）规定的事故分类将事故分为：物体打击、车辆伤害、机械伤害、起重伤害、触电、淹溺、灼烫、火灾、高处坠落、坍塌、冒顶片帮、透水、放炮、瓦斯爆炸、火药爆炸、锅炉爆炸、容器爆炸、其他爆炸、中毒和窒息、其他伤害等20类。

高耸构筑物施工具有高处、流动、露天作业等特点，并易受现场自然环境、临时作业环境、单位间协调关系等外在因素影响。通过对2003~2016年施工安全事故情况通报进行统计分析，如图1-4所示，可以发现我国建筑生产安全事故

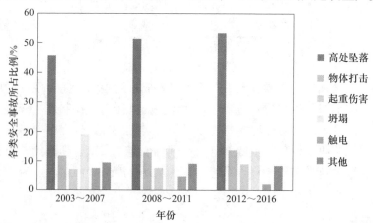

图1-4 2003~2016年各类施工安全事故所占比例及趋势图

类型主要有高处坠落、物体打击、坍塌、起重伤害、触电等。

（1）高处坠落事故。根据《高处作业分级》（GB/T 3608—2008）中对高处作业的定义，可以认为高耸构筑物施工作业均为高处作业。高处作业对施工人员的心理与生理要求较高，长期高空作业易引发身体不适而导致坠落事故。在高耸构筑物施工过程中存在比较多可能坠落的部位，如悬挂脚手架、悬空作业点、施工电梯等垂直运输设备。同时，人员错误指挥、违章作业、操作失误等不安全行为以及设备设施强度不足、安装不当、磨损老化的不安全状态亦能引发坠落。一旦人员从操作面上不慎坠落，在势能的作用下，与地面坚硬物发生撞击，后果极为严重。

（2）物体打击事故分析。高耸构筑物施工交叉作业多，存在大量翻模工作，需要人工搬运大量物料，而且施工人员分布密度较大，导致存在许多安全隐患。冷却塔施工中存在着施工机具、模板扣件、钢管、木板等致因物，经扰动后发生落体而伤人。物体打击事件往往是突然性的，预防难度较大，而且与高处坠落相同，物体打击事件一旦发生易导致严重的安全事故。

物体打击事故产生的主要原因是管理不规范与管理工作松懈，主要体现在施工人员管理不严格、施工设备管理不合格、施工过程管理不规范、施工场地设置不合理等方面。脚手板不满铺、物料随意堆放、安全网防护不全或存在破损、拆除作业未设警示标志、出入口周围未设防护棚等均为防护不当而引发事故的原因。

（3）坍塌事故。高耸构筑物施工坍塌事故主要指塔身坍塌或悬挂脚手架坍塌等事故。尤其此类高空作业多的施工作业，其坍塌事故的伤害范围及事故影响往往大于常规施工。

造成构筑物坍塌或悬挂脚手架坍塌的原因主要包括设计错误、施工质量低劣、传力路径和受力体系变化、结构超载、异常气候，以及模板支撑搭建不规范、拆除顺序紊乱、支撑钢材质量差等。现场安全管理不足而导致的不合理的施工进度安排，如赶工程施工，易造成筒身强度不够而引发安全隐患。

（4）起重伤害事故分析。高耸构筑物施工对起重设备的要求比较高，要求塔吊、混凝土泵送设备等的作业范围及运输高度必须满足施工需求。施工中运送的工料大多为较大且形态各异的物料。二者的工作高度均在其他设备、人员之上，而且其作业范围覆盖其他施工作业场地，其危险范围就相对较大。起重作业是由多人之间的相互配合来完成的，其中地面指挥、绑扎挂钩、机械操作等易出现人为失误。出现恶劣气候时，使用起重机械的危险增大。

具体的，以2012~2016年这5年发生的安全事故为例，按各类事故发生所占比例进行统计分析，结果如图1-5所示。

其中，高处坠落是各类建筑施工安全事故中最为多见的，发生安全事故起数

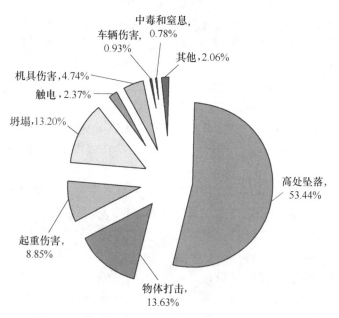

图 1-5   2012～2016 年各类型建筑施工安全事故比例

占总数的 53.44%，其次分别为物体打击伤害（16.63%）、坍塌（13.20%）、起重伤害（8.85%）、机具伤害（4.74%）、触电（2.37%）等。

与常规建筑活动相比，高耸构筑物施工周期长、高空作业，高处坠落是常见的施工安全事故，由于施工人员的身体与精神状态易受作业高度、高空气候等影响，作业时长、施工环境便是导致安全事故的诱导因素之一。

垂直运输是施工中的主要运输方式，其作业高度较高、作业范围广，而操作平台空间有限，对操作准确度要求高，现场指挥较难，易发生指挥信号不明、吊物与操作平台碰撞等起重伤害事故。施工过程中操作平台很关键，当某一段操作平台发生坍塌时，易造成整体性坍塌，江西丰城电厂事故便是典型的案例。

施工安全管理强调在施工过程中做好预防工作，全面识别危险源，从源头上进行安全控制。根据高耸构筑物施工的特点，建立施工安全控制体系，坚持预防为主、动态管理、过程控制、持续改进，对不同的不安全因素采取相应的安全技术控制措施和安全管理措施，有效控制不安全因素的发展。

1.3.2.2   安全事故原因

高耸构筑物施工的特点决定其事故形态的复杂性，每起事故都是由多个因素共同作用的结果。把各因素进行总结，分为直接原因和间接原因。其中，直接原因是指造成事故发生的第一原因，而间接原因则是引发第一原因的原因，具体内容见表 1-7。

表 1-7 安全事故原因分析

序号	事故原因	具 体 分 析
1	直接原因	（1）人的原因。是指由人的不安全行为而引起的事故，比如作业人员不按操作规程作业。 （2）物的原因。也称为物的不安全状态，是使事故能发生的不安全的物体条件或物质条件。 （3）环境原因。指由于环境不良所引起的，如雨天地基湿陷等
2	间接原因	（1）技术的原因。包括机械工具的设计和保养、危险场所的防护设备及警报设备、防护用具的维护和配备等所存在的技术缺陷。 （2）教育的原因。对作业过程中的危险性及其安全运行方法完全不了解、轻视不理解训练不足，坏习惯及没有经验等。 （3）身体的原因。包括身体有缺陷或由于疲劳引起的不适。 （4）精神的原因。包括怠慢、反抗、不满等不良态度，紧张等精神状况

1.3.3 施工安全危险源分析

1.3.3.1 危险源理论

危险源是具有潜在危险性的物质与能量，并可能对人身、财产、环境造成危害的设备、设施或场所。若从能量释放的角度分析，危险源可理解为系统存在的可能发生意外能量释放的危险物质。

危险源的三大基本要素分别是：潜在危险性、存在条件、触发因素。潜在危险性是指危险源一旦被触发，所造成的严重后果或者损失程度；存在条件是指危险源所处的状态（物理、化学等约束条件）；触发因素有人为因素、管理因素以及自然因素，它不是危险源的固有属性，但在一定的条件下它是危险源转化为事故的外在推动因素。安全生产事故究其本质是对建筑施工过程中的危险源管理与控制的失败。危险源控制失败使得能力意外释放是安全生产事故及事故伤害的根本原因。因此要预防和控制安全事故的发生，就需要对建筑施工生产活动的危险源进行全面辨识，再采取适当控制措施，使得危险源受抑制处于可控状，且需要弄清楚事故发生的机理。对施工生产活动中的危险源进行有效管理就必须对其进行全面的认识，根据危险源理论，可将其分为第一类和第二类危险源：

（1）第一类危险源。根据能量意外释放论，事故是能量或危险物质的意外释放，作用于人体的过量的能量或干扰人体与外界能量交换的危险物质是造成人员伤害的直接原因。于是，把系统中存在的可能发生意外释放的能量或危险物称作第一类危险源。第一类危险源具有的能量越多，一旦发生事故其后果越严重。

（2）第二类危险源。在建筑生产活动中，为了利用能量，让能量按照人们的意图在系统中流动、转换和做功从而按照人们的意愿完成建筑生产活动，必须采取措施约束、限制能量，即必须控制危险源，防止能量意外释放。而在许多因素的复杂作用下约束、限制能量的控制措施可能失败，能量屏蔽可能被破坏而发生事故。导致约束、限制能量措施失效或破坏的各种不安全因素称作第二类危险源。学者田水承在第一类危险源和第二类危险源的基础上，将危险源与事故致因直接对比，对危险源进行全面深入的研究，提出第三类危险源，即建筑生产活动中的安全管理决策行为和组织行为上存在的问题，包括安全生产制度不完善，组织机构设置不合理，施工组织、技术交底程序、方法、规则不正确等。具体内容如图 1-6 所示。

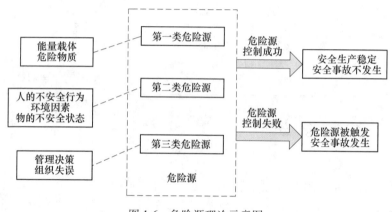

图 1-6　危险源理论示意图

第一类危险源是安全生产事故发生的能量载体，第二类危险源是触发能量意外释放的措施原因，第三类危险源主要体现组织上的判断。

1.3.3.2　危险源引发机理分析

目前主流的事故致因理论中，事故因果连锁理论、轨迹交叉理论、能量意外释放理论各有侧重，均是从某一角度对事故的引发过程进行说明，但不足以从整体角度说明施工安全事故的引发过程。相较这些理论，危险源理论则更加全面地说明了引发事故原因的层次，对实际施工项目的安全管理更具指导意义。

A　基于事故致因理论的危险源分析

（1）事故因果连锁理论中，事故连锁的一般过程为：管理失误—个人原因或环境原因—不安全行为或不安全状态—事故—伤害。在此过程中存在多种带有能量的载体，这些载体即为危险源，当危险源被触发，能量被意外释放，可能造成冲击、碰撞、穿刺等作用。而施工安全事故往往是危险源之间在时间和空间上形成一致节奏，导致能量释放。

（2）轨迹交叉理论强调危险源和伤害对象之间的时空关系，认为危险源爆发必须时间与空间吻合。通常根据这一理论进行危险源管理，理想方式即将施工项目在时空范围内划分成独立的互不影响的区域。施工环节通常运用项目管理的手段优化施工项目进度计划、资源计划，量化危险源爆发所能影响到的范围，合理划分施工区域、增加作业面积、调整作业工序避免危险源的时空交叉，有效协调危险源触发因素，降低事故发生的可能性。

（3）根据能量意外释放理论，危险源所具有的能量意外释放后作用于人体，过量的能量或能量交换无法正常进行将导致伤害。各种能量的载体在一定的条件下会出现能量的意外释放，对于高耸构筑物施工，能量意外释放主要包括危险性物料自身能量释放、聚集性势能释放以及施工工艺阻碍能量交换等。

综上所述，单一的安全事故理论不足以清楚地描述高耸构筑物施工安全事故引发过程，需要基于危险源管理的角度，综合各安全事故理论的特点，进行专门的危险源引发机理分析。

B　安全事故的危险源引发机理

危险源是事故发生的根源或状态，由人员、设备、工具、材料和环境系统产生，并存在于施工过程中，这便是危险源存在的必然性，而危险源所处的物理、化学状态和约束条件状态是危险源的自有特性，在高耸构筑物施工复杂系统内，危险源之间存在相互联系与作用，其对事故的作用可以描绘如图1-7所示。

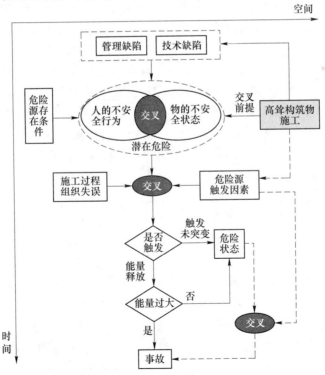

图 1-7　危险源作用下事故产生过程

由于高耸构筑物施工过程中可能存在管理缺陷和技术缺陷，危险源不可避免地出现轨迹交叉。在危险源存在条件的要素内，鉴于各种条件的约束和限制，危险源不仅无法得到控制，而且表现为乱序状态。即使采取相应措施，使得危险源的大部分潜在危险被识别，但由于危险触发因素的存在，当施工过程中出现组织失误时，根据能量意外释放理论的分析，危险源释放能量，能量释放过大或出现传递障碍，最终导致安全事故。即使能量释放较小且传递顺畅，但危险状态在触发因素的作用下也会演变出安全事故。

1.3.3.3　危险源管理现状

随着高耸构筑物建造数量的增多，安全事故也时有发生，施工现场的安全管理良莠不齐，安全管理水平差异也很大。总的来说，通过调研分析，高耸构筑物施工现场危险源管理现状主要有以下几大问题需要解决：

（1）提高全员安全意识。建筑施工过程行为活动的危险源不计其数，作业主体方面，人的生理、心理及职业素质都直接关系着安全生产，因此要加强全员安全意识建设，从项目经理到施工现场一线操作工人，都要进行有效的安全意识教育，只有意识有了，才能从本质上降低事故发生的可能性，实现安全生产目标。

（2）加强危险源及事故管理。建筑施工过程中危险源的种类很多，暴露出来的问题相对复杂，因此采取何种措施和方法对施工过程中的危险源进行全面且有重点的管理与控制是安全管理工作的首要任务，危险源的控制效果直接关系到事故的发生情况，控制越好，发生事故的可能性就越小，因此应当对施工环节中的不安全因素主动采取科学有效的管理控制措施，将危险源消灭在萌芽阶段。

（3）加强安全投入监管。建筑施工企业对于安全投入的认识存在误区，使得安全投入管理工作没有合理有效的章程可依。由于安全投入效益的短期不可预见性，加之建筑施工企业低价竞标的策略，导致安全投入费用虚设、挪作利润等现象多发。在课题组的调研过程中，根据实地调查可知，所调研的项目对于安全文明施工均有详细的要求，但具体到安全投入，则没有明细账目，对于安全投入没有合理的投入预算和使用规划。

（4）强化安全生产法律法规约束机制。施工生产活动各参与方关系复杂，安全生产责任不明确，一旦发生事故，相互推诿；安全投入方面，没有一个最低的量化标准，并且没有强制的规定，普遍存在着安全投入挪作他用行为，因此要加强建筑安全法律、法规的建设，建立强制有效的安全制约机制。

1.3.3.4　危险源识别方法

辨识危险源和隐患的方法主要是根据事故的致因来分析和识别的，一般从设备设施的不安全状态、作业环境和条件、人的不安全行为、管理上的缺陷等方面来分析，主要方法分为三大类：

（1）对照经验法。对照经验法主要是依靠检察人员的观察分析能力，根据有关的法律法规、标准规范、制度措施及相关经验直观地对危险性和危害性进行评估。

（2）类比方法。不同行业的生产过程和生产结果复杂多样，但作业条件、某一作业过程和管理手段上是可以相互借鉴参考的，类比方法是利用相同或者相似的系统或者作业条件的经验和职业安全的统计资料分析、类推所要评估对象的危险和危害程度。

（3）系统安全分析方法。该类方法是利用系统安全工程评估方法中的部分方法进行危险源和隐患辨识。常用系统分析方法主要有：预先危险性分析、故障类型影响分析、致命度分析、事件树分析等30余种。常见的危险源辨识方法的特点和适用情况，见表1-8。

表1-8 危险源辨识方法的特点与适用情况

危险源辨识方法	特　点	适用条件	优　缺　点
经验分析法	借助经验和知识直观进行判断	有丰富经验	简单实用，具有较强的针对性，但太依赖个人经验
安全检查表法	事先编制检查表，逐项进行检查	有检查项目的明细表，有专家打分经验	简单易操作，事先编制，有系统性，但只能做出定性评估
事故统计分析方法	由事故案例推断整体规律	需要事故案例资料	能够较全面认识，能够区分关键和主要危险源，数据要求高
故障类型及影响分析	将系统分为单一子系统，逐一检查	应用于较复杂的系统，各个系统之间有较大差异的情况	分析严密，结果直观，但不易做出定量评估
作业危险性分析	危险性的主要因素是发生概率和事故严重程度	大多数领域	简便易行，结果对风险控制有意义，但打分过程依赖专家经验
事故树分析法	由事故结果层层分析事故原因	熟悉和掌握事故树的原理，了解事故树各事件的关系	结果精确，但操作复杂，要求检查人员有较高水平

1.4　高耸构筑物施工安全主动控制体系

1.4.1　施工安全主动控制理念

所谓高耸构筑物施工安全主动控制，是在预先分析各种风险因素及其导致目标偏离的可能性和程度的基础上，拟订和采取有针对性的预防措施，从而减少乃至避免目标偏离。如海因里希因果连锁论就认为，安全主动控制的中心是防止人的不安全行为，消除物的不安全状态，中断事故连锁进程以避免事故的发生，能量意外释放论认为应通过控制能量或抑制能量载体来预防事故。

任何施工安全事故的发生，都是安全隐患由量变到质变演变的结果。随着经济和社会的发展，人们维护自身权益的意识不断加强，安全文化素质不断提高，安全生产已经成为衡量社会进步和文明程度的重要标志。防范事故最有效的办法就是主动排查、综合治理各类隐患，把事故消灭在萌芽状态，而安全检查效果的好坏，直接影响着安全生产。预防安全事故发生的最好手段就是事故隐患的排查，通过建立健全安全隐患排查体系，综合治理各类隐患，把事故消灭在萌芽状态。真正落实"安全生产、预防为主、综合治理"的安全生产方针，减少和避免安全生产事故的产生。

安全主动控制有两个关键：一是识别危险，即在危险因素导致危险状态出现前就被发现；二是危险的预先控制，即识别出危险就有准确有效的处理措施。

（1）危险源识别是事故主动预防的前提，包括危险源辨识和危险性评价。

1）危险源辨识是发现、识别系统中危险源的工作。危险源辨识的主要方法是系统安全分析方法，即从安全的角度进行的系统分析，它通过揭示系统中可能导致系统故障或事故的各种因素及其相互关联来识别系统中的危险源。

2）危险性评价是评价危险源导致事故、造成人员伤亡或财产损失的危险程度的工作。一般地，危险性涉及危险源导致事故的可能性和一旦发生事故造成人员伤亡、财产损失的严重程度两方面的问题。在危险性评价的基础上，按其危险性的大小把危险源排序，为确定采取控制措施的优先次序提供依据。

（2）危险源预先控制是根据识别出的危险源以及危险性评价进行设计的预先危险源控制措施，是实现事故主动预防的保证。

1.4.2 施工安全主动控制模型

1.4.2.1 施工安全主动控制

高耸构筑物施工危险源是施工安全事故产生的先决条件，因此，若能主动及时准确地辨识危险源，并在其发展导致事故前采取控制措施，则有助于从根本上进行安全事故的预防，从而实现施工安全的主动控制。

根据危险源引发机理分析可知，三类危险源并非相互独立地导致事故，而是在因果关系的基础上分层次地依次影响：管理缺陷、技术缺陷（第三类危险源）→造成约束、限制能量和危险物质措施失控的因素（第二类危险源）→可能发生意外释放的能量或危险物质（第一类危险源）。其中，第一类危险源客观存在于施工过程中；第二类危险源所占比例最大，与事故发生的可能性直接相关；第三类危险源较为隐蔽，但此类危险源的存在与发展，会直接导致第二类危险源的产生与激增。因此，对第二、三类危险源的控制对施工安全事故的预防至关重要，尤其是对第三类危险源系统全面的控制，能够从根本上提高危险源控制的主动性，从而进一步提高事故预防的主动性。

1.4.2.2 危险源主动控制工作及流程

从主动控制角度来看，施工现场危险源主动控制机制如图1-8所示，相关主要工作具体如下：

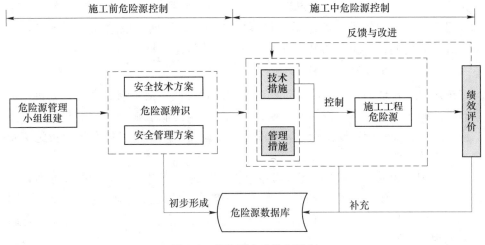

图1-8 危险源主动控制机制

（1）首先应设立危险源管理小组，确保有专门的机构针对性地负责项目危险源相关的控制工作。

（2）施工前危险源的控制。主要涉及施工安全管理方案与施工安全技术方案，对于安全管理方案应确保其系统性与有效性，避免出现管理不足或管理无效的问题，如：安全检查范围未能全面涵盖施工过程；对于施工安全技术方案应确保其力学性能合理且技术措施可靠，尽可能避免方案与实际过程存在较大差距、易受扰动因素影响的问题。

（3）施工过程中危险源的控制。由于此时各项工作交叉开展，施工现场可看作是一个复杂的生产系统，为尽可能避免施工过程中危险源的产生，应严格执行经（2）项工作分析后优化的安全管理方案与安全技术方案，以保证相应管理措施与技术措施对施工过程的约束与控制作用。

（4）施工安全管理绩效评价。通过施工安全管理绩效评价，可以明确施工过程中相应管理措施与技术措施对危险源控制的有效性与稳定性，并对控制不足或缺失的部分予以及时改进。

（5）建立辅助危险源管理工作的数据库。通过信息采集、归纳整理、更新完善等方式不断优化危险源数据库，以形成组织稳定的危险源管理知识，从而确保危险源管理水平的不断提升。

1.4.2.3 施工安全控制体系设计

考虑到高耸构筑物特点及施工过程的独特性，其施工安全控制是一项涉及施工全过程的复杂系统工程，因此应从多方面、多角度进行施工安全控制。

A 施工安全控制体系设计基础

由于施工安全事故具有因果性，通过追溯施工安全事故发生的源头，即应首先进行危险源辨识，而后在此基础上，有针对性地建立各项危险源管理的规章制度，设置目标管理体系，确定施工过程中各个系统层面的危险源管理各级负责人，并明确他们各自应负的具体责任，例如危险源定期检查。

B 施工安全控制体系设计

采用科学合理的方法对施工过程中危险源管理或安全影响因素进行分析，建立有效的施工安全绩效评价体系，通过对施工安全控制措施加以评价并采取可行的应对措施，加强施工安全控制，减小危险源威胁程度，其目的在于分析施工安全控制中的薄弱环节。

高耸构筑物施工项目与普通建筑施工项目在施工工艺、控制标准等方面存在较大的差别，且施工安全事故的种类繁多，事故致因因素也存在较大差异，因此，需要设计一种适用、可行的高耸构筑物施工安全控制体系，以指导安全施工，如图 1-9 所示。

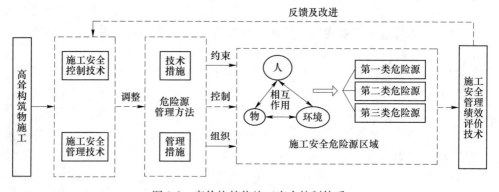

图 1-9 高耸构筑物施工安全控制体系

由于施工安全事故具有随机性，为了提高施工安全控制的有效性，应利用施工安全控制体系，分析施工安全影响因素关系，有针对性、目标性地改进施工安全控制方法和措施，利用评价方法分析各类施工安全控制措施效果，并提出改进措施。对于一个钢筋混凝土冷却塔施工项目而言，在不同阶段会出现不同的施工安全风险因素，因此施工安全控制应为一个持续的过程，应该针对新的风险因素及时制定相应的控制措施。

1.4.2.4　施工安全控制体系内容

为减少高耸构筑物施工安全事故，降低施工安全风险，应该从根本上提升施工安全技术，利用施工安全技术的改善来控制施工安全。结构自身、支撑体系、施工机械等要满足设计安全的同时，要针对高发、高危的危险源制定技术措施。施工安全管理绩效评价结果可以得出施工安全管理需进行改进的方面，通过制定施工安全管理改进策略确定优先改进项，不仅可以及时提升施工安全管理水平，也可实现资源优化分配。具体内容见表1-9。

表1-9　高耸构筑物施工安全控制体系内容

安全控制体系内容	分类	内　容
施工安全控制	结构安全控制	针对结构安全控制内容提出控制方法及控制措施，如施工工艺控制是根据构筑物施工所采用的工艺而制定相应的技术要求和标准
	操作平台安全控制	操作平台是施工人员、材料、施工机械站立及存放平台，基于结构安全的角度，分析操作平台施工安全控制内容，提出安全验算方法
	垂直运输系统安全控制	分析垂直运输设备在不同工况下的稳定性，为施工安全控制提出相应稳定性计算方法。垂直运输系统安全控制措施是确保其正常运行的主要方法，如安全监测、保护装置等
施工安全管理	事故树分析	从结果分析原因的方法，通过数理逻辑分析，对系统中各种危险因素进行定性和定量分析，根据事故树模型，分析系统发生事故的各种可能途径和可靠性特征指标，以一种形象、简洁的形式表示出安全事故的发生途径及事故因素之间的关系
	系统动力学分析	利用系统动力学模型使事故直接或间接作用于危险因素，以探寻危险因素对事故的最初作用，在随机性施工安全事故中得到内在的因果反馈规律
	施工安全管理变量	建立施工安全管理系统模型，从不同角度分析施工安全管理指标间的相互作用关系，得到模型中的相关变量，有针对性地对变量进行管理以实现施工安全管理的目标
	施工安全管理措施	施工安全管理措施是指一些预防事故的手段，安全措施包括安全防护设施的设置和安全预防措施，例如防高空坠落、防寒、防暑等方面措施，以及专项施工安全措施
施工安全管理绩效评价	安全绩效评价指标体系	评价指标应能全面客观地反应施工安全管理绩效所包含的内容。在施工安全绩效管理指标体系建立之前进行指标优选

安全控制体系内容	分类	内　　容
施工安全管理绩效评价	安全管理绩效评价模型	安全管理绩效的评价标准决定着评价模型与实际项目的符合度，在确定评价标准时应紧密结合施工过程中对各要素的控制要求
	施工安全管理改进策略	施工安全管理绩效评价结果可以得出施工安全管理需进行改进的方面，但无法确定改进的优先项。优先改进项的确定不仅可以及时提升施工安全管理水平，也可实现资源优化分配

1.4.3　施工安全主动控制原则与标准

随着高耸构筑物建造数量的增加，其安全控制标准的要求也随之增高。目前对高耸构筑物的相关研究除了设计阶段的结构理论分析，更应着重考虑其施工过程安全控制方法的研究与探索，并将研究成果应用于工程实际。若未全面识别施工安全风险，就会增加安全事故发生的概率，更不能制定科学、有效可行的控制措施。同时施工安全控制体系的不健全或不合理，势必会形成安全隐患，酿成工程事故。

1.4.3.1　施工安全主动控制原则

施工过程危险源主动控制作为一个动态系统既具有复杂性，需要对整个施工过程前的人、材、机进行监督控制，同时又要注重实效，选择危险性较大的和比较重要的分部分项工程进行重点防控，掌握其安全动态，根据项目实际情况，采取合理高效的安全控制措施。对于高耸构筑物施工过程中所检查出的危险性因素，根据以下原则进行控制：

（1）根据本质安全化要求，以个人防护来促进整个系统的安全，消除或降低系统的危险性。

（2）实现"安全第一、预防为主"方针政策的同时注重"防治结合"。对于系统中可能会出现的各种危险源头，制定相应的应急措施，一旦事故触发，立即采取预控措施。

（3）动态系统跟踪控制原则。对于系统中的重大危险因素进行重点监督控制，通过管理及技术手段，保证其处于安全可控的范围。另外，在危险源控制过程中所采取的控制措施应该按照其威胁的程度做相应的调整，依照其优先顺序依次采取消除危险、降低危险和个人防护等控制手段。

1.4.3.2　施工安全主动控制标准

施工安全主动控制的标准就是在建筑生产活动和项目管理过程中，通过制定安全管理制度和操作规程，建立落实安全生产责任制，科学地组织现场的安全生产和管理工作，规范化、系统化、标准化地管理现场的人、机、物、环境等各方面因素，使施工现场保持良好的作业环境和程序，通过各种管理标准的实施与不断改进，使施工现场的各个安全因素处于受控状态，实现施工现场的安全控制，达到最终确保施工安全的目的。

根据建筑施工安全管理的相关法律法规和规范，结合建筑施工现场安全管理的实际情况，以及安全管理的适应性、可操作性和效率，从人、物、环境、管理4个方面对建筑施工现场安全管理标准进行分析，将建筑施工安全管理标准的内容划分为4大类，即综合管理标准、作业环境安全标准、人员安全标准以及设备设施安全标准，具体内容见表1-10。

表 1-10 高耸构筑物施工安全主动控制标准

标准体系	分类	具 体 内 容
管理标准	组织机构和职责	按照相关规定建立健全安全生产管理组织机构，配备相应的安全人员，建立安全生产目标管理制度，制定安全管理总目标，确定各部门及人员的安全目标，根据结果及时进行措施调整，确保现场安全管理目标的实现
	法律法规和安全管理制度	建立健全安全生产管理制度，及时获取最新的安全管理的法律法规和规章制度，将相关要求转化为安全管理制度，使施工现场的安全管理工作做到有法可依、有章可循，实现安全管理的制度化
	事故处理与应急救援	建筑施工现场发生生产安全事故，应当按照国家和本市生产安全事故报告和调查处理的有关规定，及时、如实地向负责安全生产监督管理的部门报告
	检查评定与改进	建立安全生产标准化检查评价管理制度，定期对现场的安全管理标准化工作进行检查，根据检查结果中存在的问题，及时提出纠正和预防方案，制定更加完善的安全管理制度和措施
作业环境安全标准	施工现场标准布局	施工现场应实行封闭式管理，围墙坚固、严密，围墙材质使用专用金属定型材料或砌块砌筑
	安全防护	施工现场的安全防护严格按照《建筑工和施工现场安全防护标准》的规定执行，编制安全防护专项施工方案，经批准后组织实施，高空作业时候必须按照规定系安全带
	现场消防管理	施工现场必须有消防平面布置图，建立健全消防防火责任制和管理制度，制订消防预案，配备消防器材以及义务消防人员，并定期进行消防检查，对发现的隐患及时进行整改落实
	危险源辨识与职业健康	建筑施工现场应该成立危险源辨识评价小组，制定具体的针对性的应急预案，及时采取措施消除隐患，防止突发事件的发生。高耸构筑物施工项目的危险源主要包括以下几类：高处坠落、物体打击、触电、坍塌、机械伤害、起重伤害等

标准体系	分类	具 体 内 容
人员安全标准	管理人员教育培训	对施工企业主要负责人、项目负责人、专职安全生产人员进行教育培训，考核合格后方可任职
	作业人员教育培训	施工现场的所有作业人员必须进行安全教育和培训，并进行考核，考核不合格人员不得上岗作业。对新进场的人员，必须进行"三级教育"，合格后方可上岗
设备设施安全标准	塔吊	塔吊要严格执行入场验收制度，塔式起重机必须有特种设备制造许可证、产品合格证、制造监检证书以及全国统一登记备案编号。塔吊的安装与拆卸必须编制专项施工方案，经安装单位技术负责人批准后，报送施工总承包单位、监理单位审核
	施工电梯	施工电梯必须具有特种设备制造许可证、产品合格证和特种设备制造监检证。作业时、安装拆卸时应编制专项施工方案，经安装单位技术负责人批准后，合格后方可进行施工
	吊篮	高处作业吊篮应当具有产品合格证、型式检验报告和使用说明书，吊篮安装、拆卸必须编制专项施工方案，专项方案应由安装单位编制，经施工总承包单位、监理单位审核批准后方可实施，安装拆卸人员必须具有特种作业操作资格证

2 高耸构筑物施工安全事故管理

2.1 高耸构筑物施工安全事故分析

2.1.1 施工安全事故理论

（1）Heinrich 事故致因理论。美国工程师海因里希（W. H. Heinrich）通过对75000 起安全事故的统计分析，提出了事故因果连锁理论（也称海因里希模型或多米诺骨牌理论），并于1941 年在《工业事故的预防》一书中提出了著名的连锁反应图，如图 2-1 所示。该理论阐明了伤亡事故产生的原因与事故之间有因果联系，认为尽管事故发生的时间较短，但却是一系列互相连锁的事件所导致的，而非一个孤立事件。

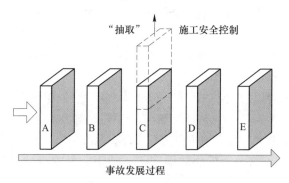

图 2-1　海因里希连锁反应图

海因里希认为事故因果连锁过程中包含五个因素：遗传及社会环境、人的缺点、人的不安全行为或物的不安全状态、事故、伤害。事故酝酿至发生的过程是一系列因果事件的连锁：人员伤害是事故的结果，事故的发生原因是人的不安全行为或物的不安全状态，而人的不安全行为或物的不安全状态是由于人所具备的缺点造成的，人的缺点是由先天遗传决定的或者在不良社会环境中诱发的。同时，海因里希认为降低事故发生可能性或减少损害的关键环节在于消除人的不安全行为或物的不安全状态，如骨牌中反映，移去中间的一张骨牌（C），则连锁反应被破坏，事故发生过程中止。

（2）轨迹交叉理论。建设项目施工过程一般是由人、物、环境构成。轨迹交叉理论认为安全事故是许多互相关联的事件按照一定的顺序发展产生的结果，而这些事件主要指人和物两个发展系列，当人的不安全行为和物的不安全状态在各自发展过程（轨迹）中，在一定时间、空间发生了接触（交叉），物质的能量传递至人体，且超出了人体的抵抗范围，伤害事故就会发生。而人的不安全行为和物的不安全状态产生的原因和随施工进程发展的状况，又受到多重因素的作用。基于轨迹交叉理论的事故发展过程，如图 2-2 所示。

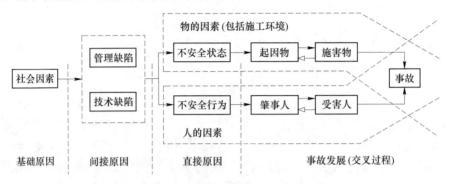

图 2-2　轨迹交叉理论事故模型

该理论认为人、物、环境各自存在不安全因素，但并非立即或直接造成事故，而是需要其他不安全因素的激发。根据轨迹交叉理论，可以通过防止人、物运动轨迹的交叉，控制不安全行为和不安全状态预防高耸构筑物施工项目安全事故的发生。

（3）能量意外释放理论。20 世纪 60 年代事故致因理论得到进一步发展，1961 年吉布森（Gibson）、1966 年哈登（Haddon）等人对生产条件、机械设备和物质的危险性在事故致因中的作用进行了研究，提出了解释事故发生机理的能量意外释放论，进一步发展了事故致因理论。基于能量观点的事故因果连锁如图 2-3所示。

能量意外释放理论认为事故是一种不正常的或不希望的能量释放，各种形式的能量是构成伤害的直接原因。在施工过程中产生的机械能、热能、电能、声能、生物能等能量的意外释放会威胁人的安全。所以应通过控制能量释放，或者控制能量传递载体来预防伤害事故，根据能量释放理论，可以利用各种屏蔽来防止意外的能量释放。

能量意外释放理论阐明了伤害事故发生的物理本质，指明了防止伤害事故就是防止能量意外释放，防止人体接触能量。根据该理论，在施工过程中要注意能量的流动、转换以及不同形式能量的相互作用，防止发生能量的意外释放或逸出，防止人体与过量的能量或危险物质接触。在施工过程中防止能量和危险物质意外释放的主要技术措施包括：替代不安全能源、防止能量蓄积、缓慢释放能量、采取防护措施、在时空范围内隔离人员与能量。

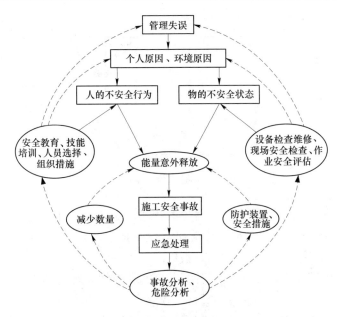

图 2-3 基于能量观点的事故因果连锁

（4）危险源理论。危险源理论认为危险源是事故发生的先决条件，通常人们将施工过程中的事故致因因素称为危险源。危险源是人们认识事故形成机理的重要因素。尽管人们对危险源有普遍的认识，但目前学者们对于危险源的描述和表达并不统一。Willie Hammer（1972）将危险源定义为可导致人员伤亡或物质损失事故的潜在的不安全因素。Gibson（1961）认为危险源是生产作业场所中存在的包含可能意外释放能量导致意外伤害的能量物质或能量载体单元。但在最新相关研究中，将危险源分为三类：第一类是能量源或危险物质；第二类是导致第一类危险源控制措施失效的因素；第三类是不符合安全的管理因素。

施工过程中的危险源是以多形式多阶段存在的，虽然危险源的表现形式不同，但从本质上说，均可归结为能量的意外释放或危险物质失控的结果。因此，危险源导致的安全事故可归结为能量意外释放或有害物质的泄漏。施工安全管理的核心是施工风险控制，而危险源则是施工风险的主要来源。危险源可以根据工业生产过程、发挥的作用、相互作用机理、事故类型等进行分类。危险源具有多样性、隐蔽性、互联性、易触发、可预见性的特点。

（5）鱼刺图事故分析理论。鱼刺图是由日本管理大师石川馨先生发明的，故又名石川图。鱼刺图是一种发现问题"根本原因"的方法，它也可以称为"Ishikawa"或者"因果图"。鱼刺图分析，就是把可能引起某一故障或事故的直接和间接因素按不同层次进行排列，形成既有脊骨又有分刺的鱼刺图，具体模型如图 2-4 所示。

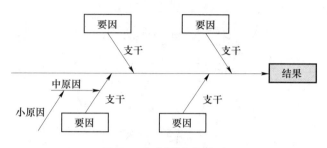

图 2-4　鱼刺图事故模型

鱼刺图的画法首先要明确画图对象的特性，要进行事故的调查与分析，画图对象就是发生的事故；其次根据影响事故发生的各种因素，分别找出它的大原因、中原因、小原因，依次用大小箭头标出，箭头的图形类似鱼刺形状，可以使大、中、小原因很清晰。这样层层分解，最终暴露的问题要具体。鱼刺图有助于说明各个原因之间的主次关系及如何相互影响。它也能表现出各个可能的原因是如何随时间而依次出现的。运用鱼刺图进行建筑工业化全过程事故分析，层次分明、思路清晰。

2.1.2　施工安全事故发展过程

建筑施工安全事故是在建设工程施工过程中突然发生的、迫使施工作业过程暂时或永远终止的一种意外事件。这种意外事件的形成过程是作业活动、不安全因素、不安全事件、安全管理活动系统相互作用的结果。建筑施工过程中，安全事故的形成过程是多个不安全事件的组合发生而演变成的（也是安全事故发生后，确定原因的理论依据），其随时间动态变化。

建筑施工安全事故的形成过程表现为某一不安全事件序列的有序产生，最终形成安全事故。其形成过程可用图 2-5 所示的单流变模式表示。

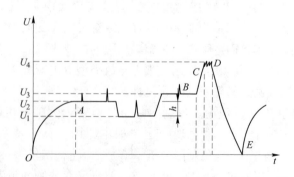

图 2-5　事故过程单流变模式图

图中，横坐标表示时间，用 t 表示。纵坐标表示流变强度，用 U 表示，$0 \leqslant U \leqslant 1$。$OE$ 表示一个安全事故形成的完成过程。建筑施工安全事故的单流变模式可以分为启动阶段 OA、振荡阶段 AB、激发阶段 BC、事故阶段 CD 和后效阶段 DE 5 部分。

（1）启动阶段 OA。施工作业开始阶段，由于生产要素投入少，不安全因素较少。随着作业人员、设备、资源等要素的投入，不安全因素逐步增加，不安全因素集合不断增大，使流变强度 U 增加。在某一施工工序处于稳定状态时，流变过程达到稳定的状态点 A，即流变强度为 U_2。

（2）震荡阶段 AB。随着建筑施工作业的全面展开，不安全因素产生并存在于施工作业中，不安全因素不断地引起不安全事件的发生。不安全事件的发生规律具有随机性，即因为不安全因素的存在才可能发生不安全事件，但并不是这些不安全因素都会时时表现为不安全事件。针对不安全因素而制定的安全管理行为，使多数不安全事件序列不能形成完整的事件序列，安全事故没有发生。有针对性地进行安全管理行为控制或消除部分不安全因素，使作业过程的流变强度降低，达到 U_1。随着施工作业过程的展开，一些不安全因素出现新的扰动，使流变强度不断波动，达到 U_3，h 表示震荡幅度，这一过程属震荡阶段。一般情况下，安全流变模式长时间处于震荡阶段而不发生安全事故。

（3）激发阶段 BC。由于不安全因素的扰动积累到了一定的程度，使施工作业过程的流变强度突然急剧增加，达到最高水平 U_4，$U_4 = 1$。此时不安全事件序列发生的可能性迅速增加，流变过程立即进入下一阶段。

（4）事故阶段 CD。这一阶段表现为不安全事件完整并有序发生，致使系统的能量突然释放，安全事故瞬间发生。

（5）后效阶段 DE。这一阶段是安全单流变模式的最后一个阶段，表现为施工作业过程遭到破坏，正常施工作业进入停止状态并回到最初的稳定状态。安全流变强度从 U_4 降低到 O 点，返回初始状态。

2.1.3 施工安全事故管理特征

高耸构筑物施工除了有一般建筑物施工的特点之外，还具有升高度大、载荷多变、运行空间广、高处作业多、危险性大、大型施工机械使用较多、自身重量大等特点。在高耸构筑物机械化施工过程中，若要有效地进行施工安全管理，首先就要识别出各类风险，只有清楚地辨认出风险，才能进一步进行管控，为工作人员提供安全风险决策依据。高耸构筑物施工安全风险管理具有以下几点特征：

（1）动态性。在高耸构筑物施工过程中，安全风险因素是多变的，体现在每个工种、各个空间，其面临的风险的大小及后果的消极性是完全不同的，这些风险因素也在不同的施工技术、不同的环境发生不同的变化。

（2）客观性和普遍性。风险是客观存在，存在于每个项目中，而不是某几个项目中，它的存在不因事故发生未造成伤害或者未发生就不存在，是随处都有的。因此，对高耸构筑物机械化施工安全风险的识别与管理不仅仅局限于某几个项目案例，需要收集大量的案例总结风险因素。

（3）偶然性和必然性。风险的偶然性是指风险的出现是偶然的，而必然性是指伤亡的发生是有规律可循的。因此，根据经验、文献研究、案例总结、专家访谈等方法识别风险，做出相应的预防措施来预防事故的发生。

2.2　高耸构筑物施工安全事故管理指标体系

2.2.1　指标分析方法比选

建筑施工安全指标分析可运用的方法很多，基于国内外文献常用到集中安全评价方法进行研究可知，主要分为两类：基于概率理论的方法（事故树理论等）和基于检查表的数学处理方法（PHA、模糊理论、神经网络等）。

（1）PHA 法。预先危险分析（preliminary hazard analysis，PHA），也称初步危害分析，是针对工程实践活动中各工序进行安全性识别，将危害种类进行细致划分，并结合专家意见得出其概率性分析，得出危害产生的原因、条件、结果等情形判断，是一种安全评价方法，但最大的缺点是易于受专家经验影响，即概率的确定带有非常强的主观判断性。

（2）模糊综合评价法。模糊综合评价法，是运用模糊数学和模糊统计方法，通过对影响某事物各因素的综合考虑，对该事物的优劣做出科学评价。

（3）神经网络法。人工神经网络（artificial neural networks，ANN）理论出现于 20 世纪 80 年代中后期，它是由大量神经元互联组成，模拟大脑神经处理信息的方式并对信息进行并行处理和非线性转换的复杂网络系统。由于神经网络具有很好的非线性问题处理、多维性问题处理的优势，被广泛应用到经济、金融等领域。与其他方法相比，BP 神经网络在处理多维的、非线性的、复杂的问题时具有一定的优势，但相对较为复杂。

（4）TOPSIS 法。TOPSIS（the technique for order preference by similar to ideal solution）即逼近理想法，在系统工程中应用比较广泛。它利用多属性的问题理想解和负理想解对方案集 X 中各决策方案进行排序。经过计算后，利用最优和最劣方案的距离来确定最佳方案。这种排序方法具备计算过程简单、结果明了的优点，能够很好地应用到各类评价中去。

（5）事故树分析法。事故树分析法（accident tree analysis，ATA）是安全系统工程的重要分析方法之一，具有系统全面、层级清晰、逻辑性强的特点。该方法是一种以逻辑分析为基础，将各类事故依次设为节点，按照结果出发寻找导致事故原因的原则，进行事故安全因素的抽丝剥茧。主要通过建立一种描述事故因果关系的有向"树"，将事故风险形成的原因按照树枝的形状由总体到部分进行逐级划分，从拟分析特定事故或故障（顶上事件）开始，通过层层剖析找出导致事故发生的直接原因及间接原因，进而可系统归纳出导致某类事故的因素以及致因逻辑关系。

本书选择采用事故树分析法对高耸构筑物施工安全因素进行分析、识别。

2.2.2 施工安全事故因素分析

高耸构筑物施工过程中的主要安全事故类型为高处坠落、坍塌、物体打击和起重伤害。本书运用事故树分析法分别建立这 4 类事故的事故树模型。

（1）高处坠落事故树模型。高处坠落事故发生的原因可以分为以下三个方面：施工电梯部位高处坠落、操作平台部位坠落及临边洞口部位坠落，绘制出对应高耸构筑物施工高处坠落事故树模型，如图 2-6~图 2-8 所示。

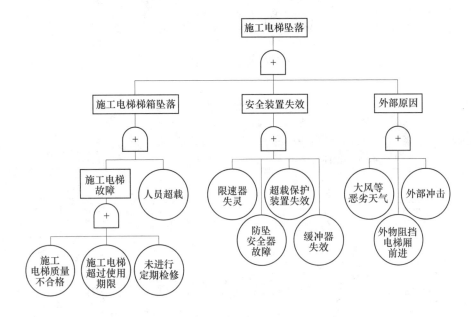

图 2-6　施工电梯部位高处坠落事故树模型

（2）坍塌事故树模型。坍塌事故发生的原因可以分为脚手架坍塌和模板坍塌两方面，绘制出对应高耸构筑物施工坍塌事故树模型，如图 2-9、图 2-10 所示。

（3）物体打击事故树模型。物体打击事故发生的原因可以分为吊运物打击和

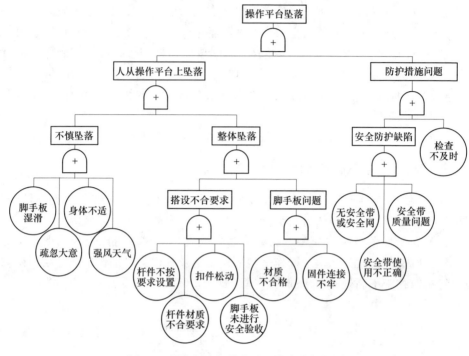

图 2-7　操作平台部位高处坠落事故树模型

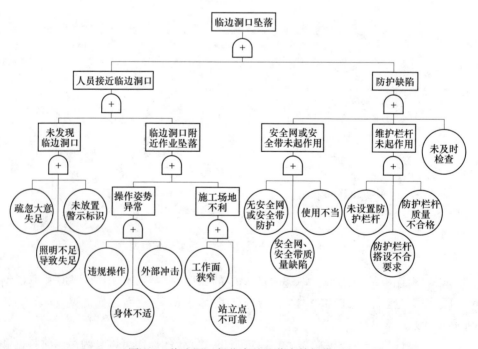

图 2-8　临边洞口部位高处坠落事故树模型

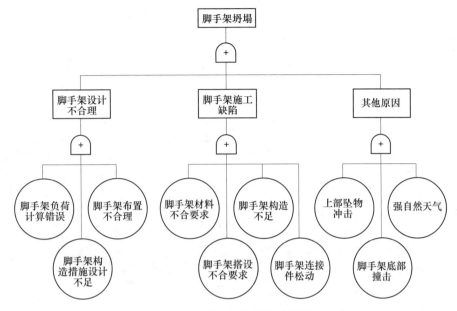

图 2-9 脚手架坍塌事故树模型

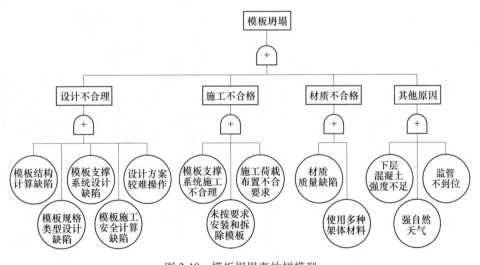

图 2-10 模板坍塌事故树模型

飞出物打击两方面，绘制出对应高耸构筑物施工物体打击事故树模型，如图 2-11、图 2-12 所示。

（4）起重伤害事故树模型。高耸构筑物工程施工现场内会有大量的材料需要搬运或者吊运，因此会大量使用塔式起重机等垂直运输设备，使用过程中操作不规范、指挥错误、超载等容易造成起重伤害事故。通过对起重伤害事故发生原

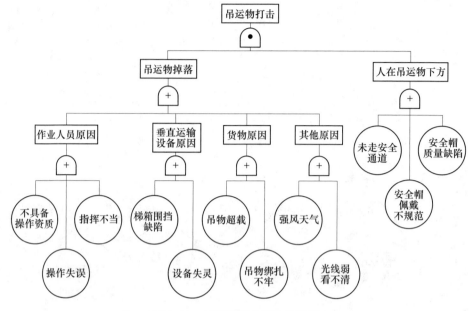

图 2-11　吊运物打击事故树模型

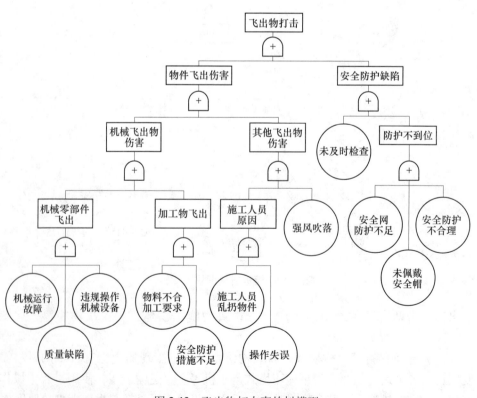

图 2-12　飞出物打击事故树模型

因的汇总与归纳，绘制出高耸构筑物施工起重伤害事故树模型，如图 2-13 所示。

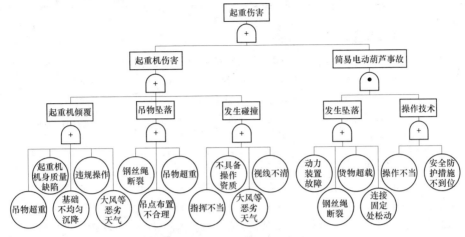

图 2-13 起重伤害事故树图

（5）施工安全因素分类。通过高耸构筑物施工安全事故过程可知，对于不同的事故类型存在诸多相同的基本因素，如"未能及时检查纠正"这个基本事件在高处坠落事故树模型与物体打击事故树模型中均存在。因此，需要对高耸构筑物施工安全危险因素进行分类整理。通过已建立的高处坠落、坍塌、物体打击、起重伤害事故树模型，并结合 4M1E 理论，将施工安全因素分别归入人、物、方案及技术、管理、环境 5 大类因素中，见表 2-1。其中，有些基本因素同时属于多个分类中，如人员超载既属于人的因素也属于管理因素。

表 2-1 高耸构筑物施工安全因素统计表

分类	危险因素
A 人的因素	a_1 人员超载、a_2 疏忽大意、a_3 身体不适、a_4 安全带使用不正确、a_5 疏忽大意失足、a_6 违规操作、a_7 使用不当、a_8 人员在操作平台上、a_9 违章作业、a_{10} 不具备操作资质、a_{11} 操作失误、a_{12} 指挥不当、a_{13} 未走安全通道、a_{14} 安全帽佩戴不规范、a_{15} 违规操作机械设备、a_{16} 施工人员乱扔物件、a_{17} 视线不清、a_{18} 操作不当、a_{19} 脚手架负荷计算错误、a_{20} 模板结构计算错误、a_{21} 吊物绑扎不牢
B 物的因素	b_1 施工电梯质量不合格、b_2 施工电梯超过使用期限、b_3 未进行定期检修、b_4 限速器失灵、b_5 防坠安全器故障、b_6 超载保护装置失效、b_7 缓冲器失效、b_8 杆件材质不合要求、b_9 脚手板材质不合格、b_{10} 安全带质量问题、b_{11} 安全网质量缺陷、b_{12} 防护栏杆质量不合格、b_{13} 脚手架材料不合格、b_{14} 脚手架连接件松动、b_{15} 模板材料质量缺陷、b_{16} 使用多种架体材料、b_{17} 下层混凝土强度不足、b_{18} 梯箱围挡缺陷、b_{19} 设备失灵、b_{20} 安全帽质量缺陷、b_{21} 机械运行故障、b_{22} 质量缺陷、b_{23} 吊物超载、b_{24} 起重机机身缺陷、b_{25} 钢丝绳断裂、b_{26} 动力装置故障、b_{27} 上部坠物冲击、b_{28} 脚手架底部撞击、b_{29} 物料加工不合要求

分类	危　险　因　素
C 方案及技术因素	c_1 杆件不按要求设置、c_2 扣件松动、c_3 脚手板未进行安全验收、c_4 固件连接不牢、c_5 无安全带或安全网防护、c_6 违规操作、c_7 吊物绑扎不牢、c_8 吊点布置不合理、c_9 未设置防护栏杆、c_{10} 脚手架负荷计算错误、c_{11} 脚手架构造措施设计不足、c_{12} 脚手架布置不合理、c_{13} 脚手架搭设不合要求、c_{14} 脚手架构造不足、c_{15} 模板结构计算缺陷、c_{16} 模板规格类型设计缺陷、c_{17} 模板支撑体系设计缺陷、c_{18} 模板施工安全计算缺陷、c_{19} 设计方案较难操作、c_{20} 施工荷载布置不合理、c_{21} 模板支撑系统施工不合理
D 管理因素	d_1 人员超载、d_2 施工电梯质量不合格、d_3 未进行定期检修、d_4 施工电梯超过使用期限、d_5 扣件松动、d_6 脚手板未进行安全验收、d_7 检查不及时、d_8 材质不合格、d_9 未放置警示标识、d_{10} 无安全带或安全网防护、d_{11} 防护栏杆不合要求、d_{12} 安全距离不足、d_{13} 脚手架搭设不合要求、d_{14} 模板未按要求安装和拆除、d_{15} 监管不到位、d_{16} 吊物超载、d_{17} 未走安全通道、d_{18} 安全帽佩戴不规范、d_{19} 安全防护措施不足、d_{20} 施工人员乱扔物件、d_{21} 安全防护不合理、d_{22} 货物超重
E 环境因素	e_1 大风等恶劣天气、e_2 外物阻挡电梯厢前进、e_3 外部冲击、e_4 脚手板湿滑、e_5 强风天气、e_6 照明不足导致失足、e_7 工作面狭窄、e_8 站立点不可靠、e_9 强自然天气、e_{10} 光线弱看不清、e_{11} 强风吹落、e_{12} 塔机不均匀沉降

2.2.3　施工安全事故管理指标设定

高耸构筑物施工具有工程量大、施工技术复杂、危险因素众多且交叉影响的特点。因此，为了有效进行施工安全管理，需要对影响高耸构筑物施工安全的因素进行深入分析，构建既能科学反映主要问题又简单实用的指标体系。根据高耸构筑物施工安全危险因素的分类结果、冷却塔施工特点以及指标体系建立时应遵循的原则，得出高耸构筑物施工安全管理二级指标，见表 2-2。

表 2-2　高耸构筑物施工安全管理二级指标

二级指标	危　险　因　素
A_1 施工人员的安全意识	a_1、a_2、a_3、a_4、a_5、a_9、a_{13}、a_{14}、a_{16}、a_{17}、a_{21}
A_2 施工人员的技术水平	a_6、a_7、a_{10}、a_{11}、a_{12}、a_{15}、a_{18}、a_{19}、a_{20}
A_3 管理人员的能力	a_8、a_9、a_{10}、a_{13}、a_{14}、a_{16}
B_1 安全防护设施	b_8、b_9、b_{10}、b_{11}、b_{12}、b_{18}、b_{20}、b_{27}、b_{28}
B_2 机具设备	b_1、b_2、b_3、b_4、b_5、b_6、b_7、b_{19}、b_{21}、b_{23}、b_{24}、b_{26}
B_3 材料质量	b_{13}、b_{14}、b_{15}、b_{16}、b_{17}、b_{20}、b_{22}、b_{25}、b_{29}
C_1 脚手架方案及技术	c_3、c_4、c_{10}、c_{11}、c_{12}、c_{13}、c_{14}

续表2-2

二级指标	危　险　因　素
C_2 模板方案及技术	c_{15}、c_{16}、c_{17}、c_{18}、c_{19}、c_{21}
C_3 起重设备方案及技术	c_6、c_7、c_8
C_4 其他方案及技术	c_1、c_2、c_5、c_{20}
D_1 安全生产责任制	d_1、d_2、d_4、d_8、d_9、d_{11}、d_{19}
D_2 安全监督	d_3、d_5、d_6、d_7、d_{10}、d_{12}、d_{13}、d_{14}、d_{15}、d_{16}
D_3 安全教育及培训	d_{17}、d_{18}、d_{20}、d_{21}、d_{22}
E_1 自然环境	e_1、e_5、e_9、e_{10}、e_{11}
E_2 作业环境	e_2、e_3、e_4、e_6、e_7、e_8、e_{12}

同时建立高耸构筑物施工安全管理指标体系如图 2-14 所示。

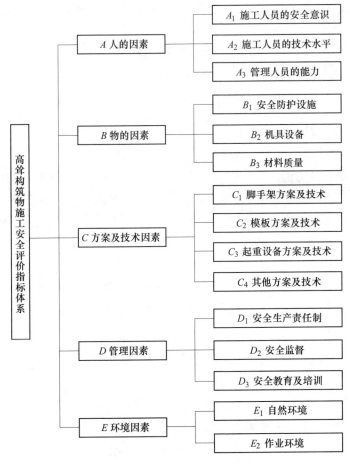

图 2-14　高耸构筑物施工安全管理指标体系

（1）人的因素包括施工人员的安全意识、施工人员的技术水平以及管理人员的能力。其中施工人员作为直接参与高耸构筑物施工的人员，其安全意识以及技术水平直接决定了施工安全事故发生的可能性，管理人员是施工安全管理工作开展的直接实施者，其安全管理能力影响着施工安全管理的效果。

（2）物的因素包括安全防护设施、机具设备、材料质量。高耸构筑物施工过程中高处、交叉作业极多，安全防护是施工过程中必不可少的一项工作。安全防护设施有安全网、遮挡板、防护栏等，安全防护设施一方面能起到阻挡事故发生的作用，另一方面能在事故发生时将伤害降到最低。机具设备主要指塔吊、施工电梯等垂直运输设备以及施工常用的一般手持电动机械设备，施工过程中由于人员及材料的运输需求，目前大部分施工项目通常使用塔式起重机、井架起重机、施工电梯、液压平桥作为垂直运输工具，这些设备往往蕴藏着大量的危险源，在设备拆装及使用过程中需要注意安全事项，严格遵循安全要求。材料质量指施工过程中所使用的防护设施、机械设备、模板等的质量等级。

（3）方案及技术因素包括脚手架方案及技术、模板方案及技术、起重设备方案及技术、其他方案及技术。模板设计需满足刚度、强度的要求，安装及拆卸都必须满足安全要求。起重设备在高耸构筑物施工中具有重要的作用，而且易发生安全事故。

（4）管理因素包括安全生产责任制、安全监督、安全教育及培训。安全生产责任制是安全生产各项规章制度的核心，是从组织制度上明确各领导、职能部门在安全生产责任方面的重要安全管理制度之一。安全监督是施工安全管理的重要手段，通过各种安全检查，发现施工过程中的安全漏洞，从而采取相应的安全措施。目前我国施工人员的安全素质及安全知识整体上较为欠缺，因此安全教育和培训是施工安全控制的必要手段。

（5）环境因素包括自然环境、作业环境。自然环境影响主要有风、雨、雷、电等，高耸构筑物施工容易受到恶劣天气的影响，如达到六级风的情况下塔吊应停止作业。施工人员直接处在作业环境中，因此作业环境的安全程度将直接影响到施工人员安全。

2.3 高耸构筑物施工安全事故管理模型

2.3.1 模型建立基础

2.3.1.1 系统动力学简介

系统动力学（system dynamics）属于20世纪经济数学的一个分支，在20世纪50年代中期由美国麻省理工学院福雷斯特教授（J. W. Forrester）首创。系统动力学方法本质上是基于系统思维的一种计算机模型方法。一般来说，系统思维方法与系统动力学方法的区别在于：系统思维方法不包括仿真模拟的过程，而系统动力学方法通过对实际系统的建模过程，提供仿真模拟的结果。

系统动力学强调从整体考虑系统，深入了解系统内的细节部分，并且能够对其进行动态仿真模拟，能够提供系统在不同参数或策略时的变化行为和趋势，使得决策人能尝试各种情境下采取不同措施所产生的结果，为科学实验提供了良好的、不至于付出昂贵代价的平台。系统动力学模型强调的是系统内部因素对整个系统的影响机制，结果由内部因素的反馈机制决定。与其他控制模型相比较，系统动力学模型具有两个显著的特点：其一，系统动力学不仅可以做定量分析，当内部影响因素的某些参量的值无法进行量化时，以正负反馈理论为基础也可以研究某一或多个因素的增减对控制结果的影响；其二，适合研究长期性及周期性问题，特别是一些相对复杂的非线性问题，目前系统动力学模型应用比较广泛，在经济、社会、管理等诸多领域都得到很好的应用。

2.3.1.2　系统动力学基本概念

A　反馈的概念

反馈是系统中两个因素之间的相互作用的因果关系，作用过程包括信息的传递和回授，其中回授是反馈机制的重点。反馈按照两因素之间作用结果的差异可以分为正反馈和负反馈。当事件 A 增加时，B 也增加，则称之为正反馈，反之，A 增加 B 反而减少则叫负反馈。正负反馈机制示意图如图 2-15 所示。

图 2-15　正负反馈示意图

所谓因果反馈回路就是有两个或两个以上的因素相互作用并形成一个闭合的回路，与反馈一样，也有正反馈回路和负反馈回路之分，如图 2-16 所示。

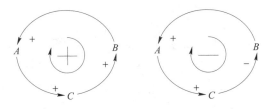

图 2-16　正负因果反馈回路

其中，正反馈是一个不断加强的过程，在整个运动或动作发生的过程中会使原来的因素不断得到加强；而负反馈则是通过多个回授回路来寻找既定的目标值，达到既定目标之前不断做出调整的过程。

B 系统中延迟的概念

系统动力学中的延迟是一种接受给定的输入变化以及提供在瞬间上可能不同的输出的转换作用或过程。延迟这一现象普遍存在于一切"流"的通道中，而信息流和物质流是客观世界普遍存在的两大类，因而延迟根据转换物质的不同，又可以分为信息延迟和物质延迟。

一般情况下，当物质流进行传输和转移流通时，从一个空间到另一个空间是需要时间的，这就叫物质延迟；相同的原理，信息的传递和接受、对信息进行分析处理做出决策以及执行决策都需要时间，这就叫信息延迟。

2.3.1.3 系统动力学基本方法

因果关系图（逻辑关系图）、流图、因素之间的方程关系以及运用仿真分析是系统动力学解决问题的几种常见方法。因果关系图（causal relationship diagram）即逻辑关系图，主要是用来描述系统中变量之间的逻辑关系。根据系统中变量之间相互影响关系的差异又可以分为正负因果关系，如图 2-17 所示，两个变量之间的正负因果关系用因果关系链进行连接表示，其中正极性表示正因果关系，反之，负极性表示负因果关系。

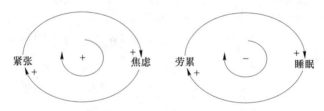

图 2-17 正、负因果关系图

流图在系统动力学里面应用非常广泛，它可以用来描述系统要素的性质及整体框架，并且对不同的变量可以进行定量的描述，如图 2-18 所示，是对资源使用量的一个定量描述过程。

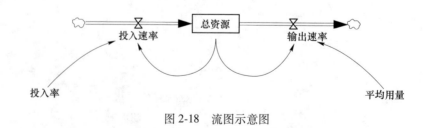

图 2-18 流图示意图

方程则是用来将系统中变量之间的关系进行量化处理。根据所处理变量的不同，方程又可以细分为水平方程，即对状态变量进行量化的方程；速率方程，即对速率变量进行量化的方程；辅助方程，也就是对系统中的辅助变量进行量化的方程。根据图 2-18 给出的流图，其速率方程可进行如下表示：

L：$Resources = Resources_J + (Input_{JK} - Output_{JK}) \times DT$

R：$Input_{KL} = Resources_J \times Input\ Rate$

R：$Output_{KL} = Resources_K / Average\ Consumption$

仿真平台也就是将所建立的系统动力学模型输入计算机，运用相应的软件进行仿真分析，这种分析非常有利于决策者对不同的方案进行比较决策。

2.3.1.4　系统动力学建模步骤

系统动力学尤其适合用来解决高阶、复杂的系统问题，因此，用其来建立系统模型也是一个持续循环、反复、由粗到细、由浅及深慢慢靠近既定目标的复杂过程，其建模步骤如图 2-19 所示。

（1）问题描述。也就是结合系统动力学特性，将所要解决的问题进行详细的描述，本书则是运用系统动力学模型来解决建筑施工过程安全控制这一复杂的系统问题。

（2）确定系统边界。将系统中的各因素变量进行分解归类，明确纳入系统的要素确定其边界。

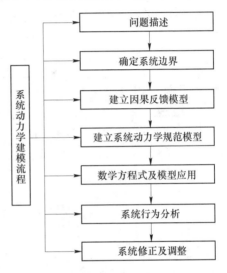

图 2-19　系统动力学建模流程

（3）建立因果反馈模型。分别对系统中的主要影响因素进行逻辑分析，建立子系统内的因果反馈图及流图，将敏感因素的反馈回路进行重点分析。

（4）建立系统动力学规范模型。在以上所建立的子系统因果反馈模型的基础上，对各因素变量之间的因果及逻辑关系进行描述，明确各因素之间的正负影响关系，建立规范模型。

（5）数学方程式及模型应用。对系统中可以量化的变量进行赋值、分析、计算，对不能进行量化的变量通过多个因素之间的闭合回路分析出正负反馈回路。

（6）系统行为分析。多次赋值分析后，进行多方案分析比较，寻求最佳方案。

（7）系统修正及调整。对方案最终实践的结果进行分析比较，通过对系统内相关变量的调整做出优化方案，循环进行直至得到最佳方案。

2.3.2 施工安全事故管理指标反馈关系

2.3.2.1 施工安全管理模型边界确定

对于高耸构筑物施工安全管理系统而言，通过安全技术控制、安全教育控制和安全政策法规的合理运用，使得整个施工过程中人、机械、物料和结构等处于安全状态，从而保证整个项目施工过程的安全。同时，为了能全面准确地研究系统中各因素之间的相互作用关系和它们对系统的影响，应该建立一个与该系统相符合的动态分析模型，这就需要在划定系统界限时将系统中的反馈回路考虑成闭合回路，界限应该封闭，这是在划定系统边际时被认定的一条准则。本研究系统界限如图 2-20 所示。

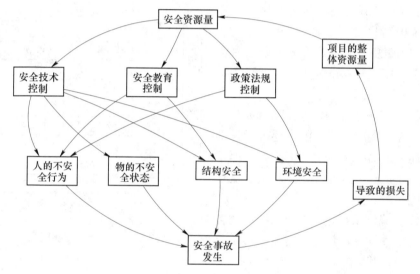

图 2-20 施工安全管理系统边界

2.3.2.2 安全技术控制因果反馈关系

根据已建立的施工安全管理系统边界，可知安全技术主要在人的不安全行为、物的不安全状态、结构安全和环境安全四个方面体现。

A 人的不安全行为因果反馈关系

结合 2.2 节中的事故树分析，构建出人的不安全行为子系统，如图 2-21 所示。

在项目施工过程中，安全管理主要着重于人的因素，而在人的不安全行为因果反馈图中，主要存在着两条回路：

（1）施工作业↑→人的不安全行为↑→危险源辨识↓→危险事件处理↓→人的心理状态↓→人的不安全行为↑。

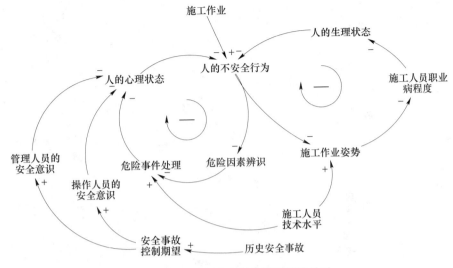

图 2-21 人的不安全行为因果反馈关系

随着高耸构筑物施工作业的增加，会导致人的不安全行为的可能性增强，此时，人的危险源辨识能力是减小的，从而导致施工人员对于危险事件的处理能力出现降低，进而施工人员心理状态下降，导致人出现不安全行为的可能性增大。从这个回路中可知，当一定的施工作业增加时，人的不安全行为是需要得到控制的，并且要通过危险因素的辨识和关注建筑施工人员的心理安全的角度综合考虑，从而通过控制人的不安全行为来控制整个施工项目过程中的安全状态。

（2）施工作业↑→人的不安全行为↓→施工作业姿势↓→施工人员职业病程度↓→施工人员生理状态↓→人的不安全行为↑。

当施工作业增加时，会导致人的不安全行为的可能性增加，导致施工人员施工姿势发生变化，不正确的施工姿势必然使得施工人员职业病程度增加，例如长时间保持同一种操作姿势，往往会使身体状况下降。

安全事故发生得越多会使得管理人员对安全事故控制期望越高。此时，安全事故控制期望升高后，促使各管理层及操作人员提升安全意识。这也表明当施工作业增加时，需要提升人的意识从而防止不安全事故的发生，达到良好的安全事故控制的目的。

施工人员的技术水平一方面影响着施工人员的操作姿势，另一方面也会影响其对危险事件的处理能力，较高的技术水平意味着熟练的操作姿势以及对危险事件的较高处理能力。

B 物的不安全状态安全因果反馈关系

结合 2.2 节中高耸构筑物施工安全因素分析，利用系统动力学模型构建出物的不安全状态因果反馈关系图，如图 2-22 所示。

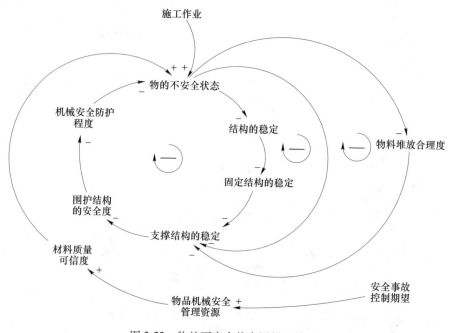

图 2-22　物的不安全状态因果反馈图

从图 2-22 物的不安全状态因果反馈关系图中可以看出，物的不安全状态主要有 3 条回路：

（1）施工作业↑→物的不安全状态↑→结构的稳定↓→固定结构的稳定↓→支撑结构的稳定↓→围护结构的安全度↓→机械安全防护程度↓→物的不安全状态↓。

在施工作业增加的情况下，人的不安全行为增多，若此时，物处于不安全的管理之下，则物会呈现为不安全状态。随之而来的是结构质量不合格而引起的结构稳定性下降，直接固定在结构上的固件结构的稳定性会随之受到影响而下降，同样，依靠固件固定的支撑结构的稳定也会受到影响。鉴于高耸构筑物施工工艺的特殊性，其大部分围护结构都直接与支撑结构相连接，则围护结构的安全度便会降低。防护程度也将随之下降。由此回路可以看出，在施工过程安全控制时，物的不安全状态及结构的稳定都需要进行管理控制。

（2）施工作业↑→物的不安全状态↑→支撑结构的稳定↓→围护结构的安全度↓→机械安全防护程度↓→物的不安全状态↓。

另一条随物的不安全状态降低的回路是独立式的支撑结构的稳定，其对后续因素的影响和回路（1）相同。

（3）施工作业↑→物的不安全状态↑→物料堆放合理度↓→支撑结构的稳定↓→围护结构的安全度↓→机械安全防护程度↓→物的不安全状态↓。

与第 1 条回路一样，在施工作业增加时，物的不安全状态同时增加，物料堆放的合理度降低，这便会致使支撑结构的稳定性降低，又会导致物的不安全状态提升。

在安全事故控制期望增加的情况下，管理人员对物品机械安全管理的资源投入会加大，这便会使施工所需的材料质量的可信度得到提升，以降低物的不安全状态。

C 结构不安全状态因果反馈关系

通过 2.2 节中事故树分析，构建出结构不安全状态因果反馈关系图，如图 2-23 所示。

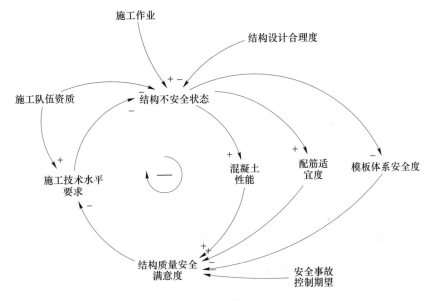

图 2-23 结构不安全状态因果反馈图

从图 2-23 结构的不安全状态因果反馈图中可以看出，结构的不安全状态主要有一个回路：

施工作业↑→结构不安全状态↑→模板体系安全度↓→结构质量安全满意度↓→施工技术水平要求↓→结构不安全状态↑。

高耸构筑物施工危险性较高，在管理体系上又有许多复杂的组织因素。考虑到高耸构筑物施工中模板体系附着于主体结构上，因此结构安全直接关系到模板体系的安全度。模板体系安全度越低则结构质量安全满意度越低，进而增加对施工技术水平的要求。随着施工技术水平要求的提升，结构的不安全状态则会相应地降低。

施工队资质越高，对施工技术水平要求也会更高，则结构越安全。结构的不安全状态会对其他各项因素具有不同程度的影响。

D 环境安全因果反馈关系

结合2.2节中的事故树分析，利用系统动力学边界条件，构建出环境安全因果反馈关系图，如图2-24所示。

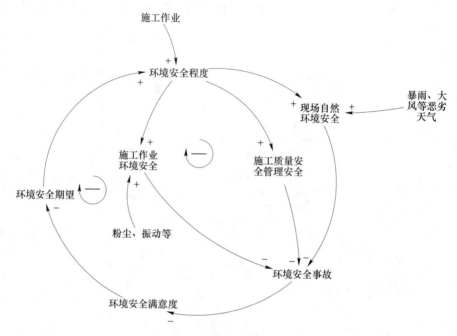

图2-24 环境安全因果反馈关系

从图2-24环境安全因果反馈图中可以看出，环境安全的安全管理控制主要有一个回路：

施工作业↑→环境安全程度↓→现场自然环境安全、施工质量环境安全、施工作业环境安全↓→环境安全事故↓→环境安全满意度↓→环境安全期望↓→环境安全程度↑。

当施工作业增加时，必然会提升对环境安全的要求，而环境安全程度又分为现场自然环境安全和施工作业环境安全，安全环境越差，对应的环境安全事故发生相对就较容易，环境安全的满意度便会相应地减小，对其期望起负反馈作用，进而使得环境安全程度对比期望值较小。由此分析可知，施工作业增加过大的，必须要提升对环境安全的控制，实现对最终建筑施工过程的安全管理控制。

2.3.2.3 安全教育管理因果反馈图

安全宣教和安全技能培训是控制和预防事故的重要手段，统称安全教育。在高耸构筑物施工过程中，安全教育管理主要体现在建筑项目执行过程中新老员工的安全教育，通过新员工的安全基础教育以及普通员工的三级教育，即夜间教育、班前教育、特种作业人员教育等，达到安全教育管理的目的。安全教育可以提升施工人员、管理人员的安全意识，增大对一些危险事件的敏感程度，从而在施工过程中减少安全事故的发生。

由此，建立安全教育管理因果反馈关系图，如图 2-25 所示。

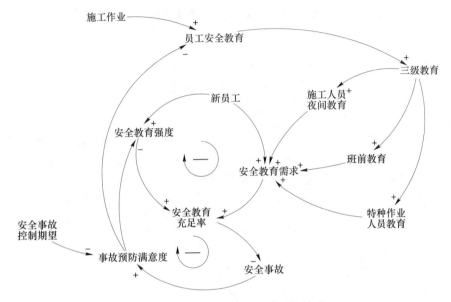

图 2-25　安全教育管理因果反馈关系

通过安全教育来控制不安全行为的发生，实现事故损失的预防。在安全教育管理因果反馈图中，存在着两条主回路：

（1）施工作业↑→员工安全教育↑→三级教育↑→施工人员夜间教育、班前教育、特种作业人员教育↑→安全教育需求↑→安全教育充足率↑→安全事故↓→事故预防满意度↑→员工安全教育↓。

该反馈回路表示的是，施工作业规模的不断扩大使得有更多新员工进入，所以企业需要投入更多的资源来确保安全教育的落实。同时所有的施工人员都应该加强三级教育，即施工人员夜间教育、班前教育、特种作业人员教育等。在安全教育过后，应该采取一定手段进行考核评定，例如当场考试、回答问卷、安全知识竞赛等。企业应该加强安全教育使得每位新施工人员尽快掌握安全知识，防止由于安全教育的不到位让没有掌握安全知识的新施工人员参加工作而导致事故的发生。

（2）安全教育强度↑→安全教育充足率↑→安全事故↓→事故预防满意度↑→安全教育强度↓。

通过对员工进行足够的安全教育，使得安全事故的发生降低，达到提升事故预防满意度，同时反馈到安全强度的降低，从而通过安全教育来提升施工过程中的安全性。

2.3.2.4　政策法规管理因果反馈图

在高耸构筑物施工过程中，政策法规的管理主要体现在项目施工过程中的作业环境安全状态，主要表现在国家政策下对施工过程的监管和安全投入，从而达到安全管理效果。由此，可以建立政策法规管理因果反馈关系图，如图 2-26 所示。

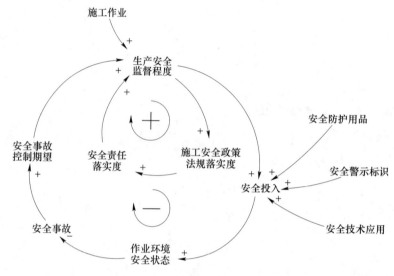

图 2-26　政策法规安全管理因果反馈关系

从图 2-26 中可知，政策法规安全管理主要有两个回路：

（1）施工作业↑→生产安全监管程度↑→施工安全政策法规落实度↑→安全责任落实度↑→生产安全监管程度↑。

在施工作业需求提升下，生产安全监督程度需要得到提升，生产安全监督程度越深表明建筑安全政策法规的落实度越好，从而达到安全责任具有良好的落实度，进一步表明生产安全监督程度越需要提升。

（2）施工作业↑→生产安全监管程度↑→作业环境安全状态↑→安全事故↓→安全事故控制期望↑→生产安全监督程度↑。

由于施工作业的需求使得安全生产的监管程度必须得到提升，促使安全投入也进一步提升。在安全投入后，施工安全事故发生概率可能会降低，那么安全事故控制期望将会提升，从而使得生产安全监督程度得到提升。

2.3.2.5　安全管理因果反馈关系

将所构建的安全技术控制、安全教育管理和政策法规管理这三个因果反馈图结合起来，就构成了高耸构筑物施工安全管理的整体因果反馈模型，如图 2-27 所示。

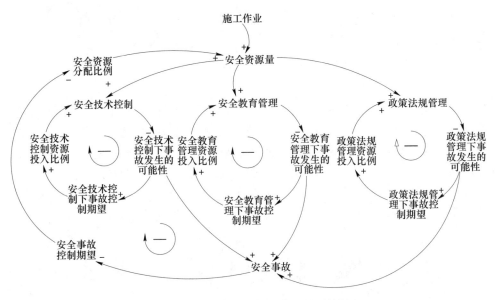

图 2-27 施工安全管理整体因果反馈图

从图 2-27 中可知，安全资源量主要存在一条回路，安全技术控制、安全教育管理、政策法规管理各存在一条主要回路，见表 2-3。

表 2-3 整体模型回路

变量名称	主要回路数量	回 路 分 析
安全技术控制	1	安全技术控制↑→安全技术控制下事故发生的可能性↓→安全技术控制下事故控制期望↑→安全技术控制资源投入比例↑→安全技术控制↑
安全教育管理	1	安全教育管理↑→安全教育管理下事故发生的可能性↓→安全教育管理下事故控制期望↑→安全教育管理资源投入比例↑→安全教育管理↑
政策法规管理	1	政策法规管理↑→政策法规管理下事故发生的可能性↓→政策法规管理下事故控制期望↑→政策法规管理资源投入比例↑→政策法规管理↑
安全事故	1	安全事故↑→安全事故控制期望↑→安全资源分配比例↓→安全资源量↑→安全技术控制、安全教育管理、政策法规管理↑→安全教育管理下事故发生的可能性↓→安全事故↑

2.3.3 施工安全事故管理模型建立

将高耸构筑物施工安全管理作为一个整体系统，首先需要将各因素对系统的影响回路进行分解，分析其正负反馈关系和延迟关系等，最终将所有分析后的回路进行合并，以实现对高耸构筑物施工安全系统动态的控制。高耸构筑物施工安全管理模型包括三个部分：安全技术控制子系统模型、安全教育管理子系统模型和政策法规管理子系统模型。

2.3.3.1　高耸构筑物施工安全管理子系统模型

A　安全技术控制子系统模型

在企业事故预防工作中，通过系统安全原理而衍生出来的技术手段是预防危险最行之有效的方法，因此在高耸构筑物项目施工过程中应优先考虑保障安全技术资源，这也符合高耸构筑物施工工艺的特殊性以及危险因素的复杂性。决策者可以通过分析系统动力学规范模型，对投入的需求因素、作用方式、投入效用有比较直观的感受。根据前述安全技术控制因果反馈关系，构建安全技术控制子系统模型，如图 2-28 所示。

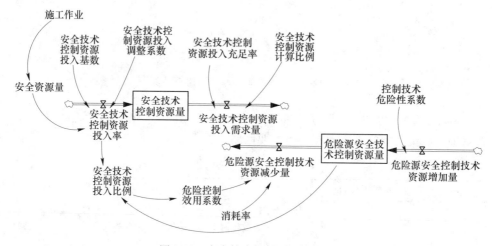

图 2-28　安全技术控制子系统模型

考虑到安全技术控制水平在一定程度上受限于安全技术资源量和危险源安全技术控制资源量。从管理的角度分析，假定项目所拥有的安全资源量一定，为确保安全技术可以达到控制安全事故的效果，安全技术资源量和危险源安全控制技术资源量应该保证其充分性。本书所构建的安全技术控制系统模型为企业或施工项目梳理出安全技术控制资源和危险源安全技术控制资源量的影响因素。

B　安全教育管理子系统模型

在高耸构筑物施工过程中，对施工人员的安全教育尤为重要，应当通过聘用专业培训人员和提供专项培训资金来保证安全教育有效落实并达到常态化。根据前述因素分析以及安全教育管理因果反馈关系得到安全教育管理子系统模型如图 2-29 所示。

通过模型可知，安全教育管理资源的流向与变化，给管理者提供了一套新的安全教育管理系统模型，使得管理者能够全面把控安全教育管理资源的投入与预

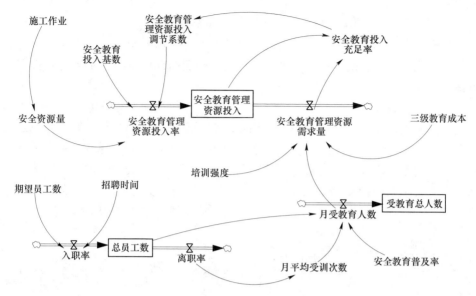

图 2-29 安全教育管理子系统模型

期效果,将安全教育管理从以往单纯的三级教育上升到一种新的层面。

C 政策法规管理子系统模型

高耸构筑物施工安全管理,还需要在科学完善的政策法规指导下有序进行。根据前述因素分析及政策法规管理因果反馈关系构建政策法规管理子系统模型,如图 2-30 所示。

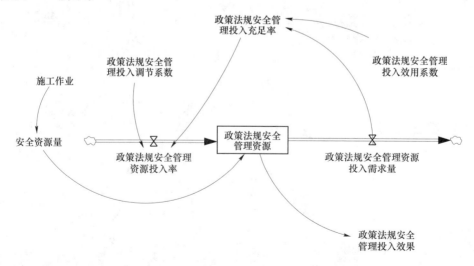

图 2-30 政策法规安全管理子系统模型

2.3.3.2 高耸构筑物施工安全管理系统整体模型

根据安全管理整体因果反馈图，通过整合安全技术控制子系统模型、安全教育管理子系统模型和政策法规管理子系统模型构建高耸构筑物施工安全管理系统整体模型。

在高耸构筑物施工过程中，安全管理系统整体模型能够有效地分析三类模型在安全资源投入量以及作用效果上的相互影响。模型中变量之间不但存在一定的关联性并且也存在着相互的独立性，本书应用系统动力学模型对这些关系进行分析，通过模型来表述这些变量之间的因果逻辑作用关系，从而构建出高耸构筑物施工安全管理系统模型，如图 2-31 所示。其中，安全资源量被划分成三类资源投入到三种管理资源中，这也符合施工现场对安全资源量管理的实际情况。

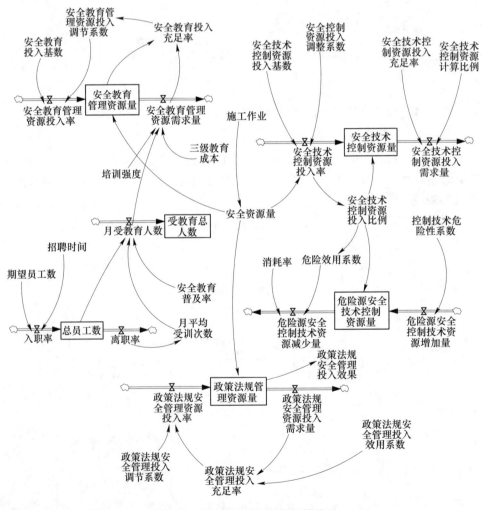

图 2-31 施工安全管理系统整体模型

根据施工安全管理系统整体模型，可以梳理出模型中的状态变量、决策变量、辅助变量。状态变量的变化受决策变量的控制，如果决策变量发生变化，那么状态变量相应地也会发生变化。整体模型中各个变量的情况见表2-4。

表2-4 施工安全管理系统模型变量

变量	变量简称	备　注
状态变量	ZTSP$_i$	$i=1\sim6$，1 安全技术控制资源量，2 危险源安全技术控制资源量，3 安全教育管理资源量，4 受教育人数，5 总员工数，6 政策法规管理资源量
决策变量	JCSP$_j$	$j=1\sim11$，1 安全技术控制资源投入率，2 安全技术控制资源投入需求量，3 危险源安全控制技术资源减少量，4 危险源安全控制技术资源增加量，5 安全教育管理资源投入率，6 安全教育管理资源需求量，7 月受教育人数，8 入职率，9 离职率，10 政策法规安全管理资源投入率，11 政策法规安全管理资源投入需求量
辅助变量	FZSP$_z$	$z=1\sim21$，1 安全技术控制资源投入基数，2 安全控制资源投入调整系数，3 安全技术控制资源投入充足率，4 安全技术控制资源计算比例，5 安全技术控制资源投入比例，6 消耗率，7 危险效用系数，8 控制技术危险性系数，9 安全教育投入基数，10 安全教育管理资源投入调节系数，11 安全教育投入充足率，12 培训强度，13 三级教育成本，14 期望员工数，15 招聘时间，16 安全教育普及率，17 月平均受训次数，18 政策法规安全管理投入调节系数，19 政策法规安全管理投入充足率，20 政策法规安全管理投入效用系数，21 政策法规安全管理资源投入需求量

施工安全管理系统模型中的变量既是施工安全管理模型中的主要影响因素，也是施工安全绩效评价指标确定的基础。

在高耸构筑物施工过程中，调节某一变量既会导致同系统内其他变量发生变化，也会引起整体系统内相关变量的变化，因此通过对各类变量的控制，可以实现施工安全管理。

2.4 高耸构筑物施工安全事前管理

2.4.1 施工安全事前管理模式

建筑工程安全管理工作者所开展的事前监督管理，能够为建筑工程安全控制工作奠定良好的基础。高耸构筑物由于其工程的复杂和工期的时间较长等特点，结合三维仿真、GIS、模糊评价技术等在施工之前就安排好安全质量控制的方案，为施工安全控制做好准备。其过程如下：

（1）施工三维仿真。采用计算机网络通信、计算机图形学、图像处理、人机界面、计算机模拟仿真等多种技术，可以逼真地展现建成后的项目是否与周围环境匹配，以进行项目可行性研究论证（如项目选择）和规划方案优化；建立三维虚拟环境，使建筑、结构、设备设计协同进行。图形化项目施工组织设计；在施工前对施工全过程或关键过程进行虚拟建设内涵仿真，可以验证施工方案的可行性或优化施工方案；对重要结构进行虚拟试验；通过在虚拟的施工场景中虚拟漫游，可以分析和识别影响项目的安全因素，以事先采取措施达到预防和预控的目的；施工方案的可视化交底；可视化施工计划进度和实际形象进度；职工岗前培训等。

（2）模糊综合评判法对施工方案进行事前合理评价。运用模糊综合评判法，对施工方案进行事前合理评价：1）运用数理统计方法对重点的施工工序进行统计分析，并绘制直方图、控制图等管理图表；2）施工阶段：对于施工前的事前准备，包括机械、人员配置、材料供应情况、施工方法和对施工范围有一个直观的了解；3）运行维护阶段：通过本系统可以方便地进行物业维护、改造和管理工作。模糊评价作为施工方案确定的方法给施工质量及安全控制带来了科学的事前评价方法，把这一方法集成在高耸构筑物施工安全控制信息化系统中，将成为施工方案确定的有效手段。

（3）电子文档管理。运用文档管理系统事前可以查询施工的各种工程水文地质、图纸、概况、合同信息等相关文件的能力，扩大利益相关者对工程的认知度。

上述各种应用都将有利于提高工程项目的建设效果和安全管理效率。

2.4.2　施工安全事前管理平台

基于危险源管理的事前施工安全管理模式中，危险源信息系统是该模式的运行载体，施工安全管理平台是以危险源管理为核心的信息平台。事前施工安全管理平台主要包括危险源数据库、施工安全知识以及信息交流模块。基于危险源管理的思想，建立施工安全管理平台的目标是形成一个集成的信息化管理系统，高耸构筑物施工安全管理平台运行机制如图 2-32 所示。

（1）危险源数据模块。危险源数据库模块是利用信息动态输入、实时查询的管理技术来实现的，不仅是危险源内容的搜集，还包括数据筛选、评估、类别判定等过程，形成多元化数据体系。

（2）施工安全知识模块。施工安全知识模块将高耸构筑物施工安全管理相关的知识汇集在一起，包括施工现场常见安全问题、施工安全操作规则、安全管理制度文件、安全隐患处理办法、安全管理标准、施工安全控制措施等内容，提高危险源管理效率。

（3）施工安全信息交流模块。作为施工安全管理的重要依托，信息交流模块也成为施工安全管理平台的关键内容之一。信息交流模块是指包括各参建方与

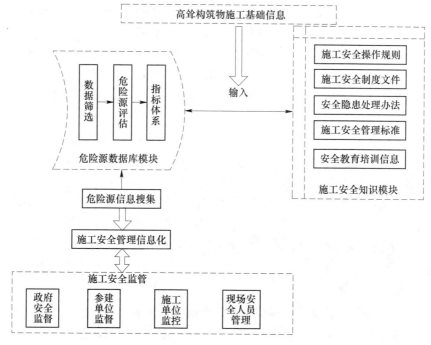

图 2-32 高耸构筑物施工安全管理平台运行机制

项目部的信息交互,以及各安全管理人员之间的数据传递方式。另外,政府监管部门等项目利益相关方也可以通过信息交流模块与项目部建立直接联系。

同时,施工安全管理平台要建立包括项目经理、安全员、施工员、特殊工种等工程人员数据库,实现人员信息化管理,并在施工前期要实现相关数据采集,包括工程概况、安全教育状态、施工安全方案、安全专项资金投入情况、大型设备(塔吊、施工电梯等)安全信息等。

高耸构筑物施工安全管理平台的设计要遵循管理过程化、信息处理集中化、数据信息知识化、信息处理标准化、管理系统集中化的理念。

2.4.3 施工安全事前管理措施

根据高耸构筑物施工特点以及事故树模型,进行施工安全事前管理是安全管理的重要组成部分。施工安全管理系统模型中,与安全教育相关的变量有13项,与政策法规相关的变量有7项,在施工过程中营造一个良好的安全环境有益于施工安全管理。

2.4.3.1 高耸构筑物施工事故现场管理

A 建立事故管理机制

现阶段,高耸构筑物施工安全管理人员水平不高、施工设备相对薄弱,建立施工安全事故管理机制及模式，利用先进的信息技术改进安全事故管理方式，逐步提升事故管理水平，可以满足项目对事故管理的需要。

施工安全管理是一个动态管理过程，建立基于信息技术的安全事故管理机制，可以改变常规建筑施工安全检查方式和反馈式事后控制模式，及时发现事故危险源，并制定控制措施，以适应高耸构筑物施工工程对危险防范和事故处置的要求。

B　制定事故应急预案

针对高耸构筑物施工常见的事故类型以及特殊施工工艺编制专门的应急预案，预案编制应遵循科学合理、切实可行、有针对性、效用强的原则。加强施工安全管理人员事故管理能力的培训，健全事故处理体系标准，提升其在事故处理过程中调查及分析的能力。同时，严格落实应急预案演练，在演练过程中发现预案不合理与考虑不足之处，并及时修正应急预案，避免事故发生时现场出现慌乱的局面。

C　加强内部监督

各方管理部门，要加强内部监督制约机制，创新监督模式。通过施工安全管理平台，促进项目安全生产行为管理方式的转变，从无序的救火式工作行为转向有序的预警型的工作行为，规范化、制度化高耸构筑物施工安全事故管理，全面提升施工安全监管水平。

通过总结现场管理经验与分析施工事故案例，在事故管理中要做到主动预防、及时汇报、正确处理、避免二次事故、全面调查、继续教育。其中在主动预防阶段，对施工人员的安全技能培训与教育是主要控制措施，起到重要作用。因此，在事故管理过程中需要加强安全教育管理。

2.4.3.2　安全教育管理

高耸构筑物施工过程中，利用安全技术及安全防护可以有效实现施工安全控制，能够发挥一定的作用。但是，为持续有效实现施工安全控制，必须多层次、多角度地进行安全教育管理。

A　健全安全教育制度

施工项目开展安全教育活动，对于增强施工人员安全意识、树立安全第一思想、严格遵守各项安全生产制度具有重要意义。

强化企业及项目领导的安全教育培训是有效开展安全教育的前提。因此，从领导层到现场操作层，正确处理教育与施工、教育与安全的关系，完善安全教育内容，以多种形式的培训教育为特色，落实安全教育培训工作。

安全教育是持续性工作，因此，调动多方积极性，实行"齐抓共管"的措施是落实安全教育的关键因素。在施工过程中充分发挥工会、安监部门、监督检查机构的优势，有层次、有重点地逐渐推进安全教育工作，最重要的是调动操作层参与安全教育的积极性，形成全员重视施工安全的局面。

安全教育的内容一般包括安全生产思想教育、安全技术知识教育以及典型事故案例教育等。

B　建设安全文化

安全文化是一种氛围，其核心是施工人员，人的意识对人的行为有直接干预作用，施工安全文化对于提高施工人员的安全意识有直接促进的作用。良好的安全文化能够对施工人员起到一定的自我约束作用，从而预防事故发生，对于施工安全水平的提升有着持续作用。因此为实现持续性效应，要不断对施工人员进行各类型安全教育和培训，加深对安全责任、事故预防的认识，不断提升安全素质、增强安全意识。

同时，施工企业要加强安全生产宣传工作，坚持正确的舆论导向，大力宣传安全生产方针政策、法律法规及重大举措，宣传安全生产工作的先进典型和经验。

从施工管理制度建立入手，将建设施工安全文化列为安全教育管理制度的一项内容，形成一种井然有序的安全文化氛围。

2.4.3.3　政策法规管理

我国工程项目安全生产形势严峻，其中责任分配不合理、责任履行不落实是事故频发的重要管理原因之一。

A　完善企业规章制度

安全法律及规章制度是施工企业安全管理的重要组成部分，施工企业不断健全安全规章制度可以保障施工的安全进行。完善施工企业规章制度应突出实践性和科学性，构建以市场舆论为导向、以政府激励为基础的宽严相济的企业制度，并且成立专门小组，梳理分析高耸构筑物施工领域各层级的安全法律法规及规章制度，补充本企业缺失的安全制度条款，修订在施工过程中过时的、不适用的规章制度，提出综合性完善方案并按计划逐步实施。

B　落实生产责任制

安全生产责任制作为施工企业最基本的一项安全制度，是安全事故管理、劳动保护管理制度的核心。针对高耸构筑物施工项目的过程系统性与层次性，充分发挥安全生产保证体系的作用，落实以安全第一责任人为核心的安全生产责任制，适应公司发展的需要，切实保障现场施工人员的人身安全。

3 高耸构筑物施工安全数值模拟

3.1 高耸构筑物施工模式

3.1.1 大体积混凝土施工技术

根据我国《大体积混凝土施工规范》（GB 50496—2009）规定：混凝土结构物实体最小几何尺寸不小于 1m 的大体量混凝土，或预计会因混凝土中胶凝材料水化引起的温度变化和收缩而导致有害裂缝产生的混凝土，称之为大体积混凝土。

以山西长治的"世界第一冷却塔"为例，其 X 柱零米直径 185.072m，最大壁厚达 1.850m，即属于大体积混凝土施工，如图 3-1 所示。

3.1.1.1 大体积混凝土的施工特性

（1）大体积混凝土的主要成分为骨料、水泥石、水分和气体，属于非匀质材料。在湿度、温度等因素变化的条件下，混凝土逐渐硬化，并不均匀地体积变形：骨料收缩较小，水泥石收缩较大，造成黏结微裂缝或水泥石微裂缝，进而会影响大体积混凝土的质量。

（2）大体积混凝土内部散热条件有限，导致内部温度急剧上升，预计产生的中心温度与表面温度之差在 25℃ 之上，易使结构产生温度变形。

（3）大体积混凝土比普通混凝土截面厚大，其内部的热量散失速度远比表面的热量散失速度慢得多，造成较大的内外温度梯度，温度差产生的温度应力使得混凝土开裂。温度应力增长到超过此时混凝土的极限拉力，混凝土将产生裂缝。大体积混凝土升温时内表面温差过大，会造成表面裂缝；如果降温速率过快，会造成贯穿性冷裂缝，如图 3-2 所示。

图 3-1　环梁大体积混凝土施工

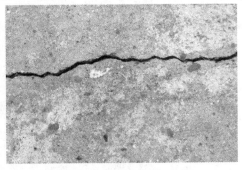

图 3-2　大体积混凝土温度裂缝

（4）作用在大体积混凝土结构的荷载会产生应力，大体积混凝土水泥水化热的温度应力也会很长时间内作用在混凝土结构上，二者的共同作用会使混凝土拉应力过大而导致裂缝产生，进而对混凝土的质量产生影响，会引发大体积混凝土结构的质量和安全问题。

（5）混凝土抗拉强度较低，大约只有抗压强度的10%左右，拉伸变形能力很小，由于浇筑初期混凝土弹模较小、徐变较大，温升产生的温度应力不太大。一旦拉应力超过混凝土的抗拉强度，就会出现裂缝，从而产生渗漏问题。

（6）大体积混凝土结构构件断面尺寸与受力往往会有一定的差异，这种差异就会造成构件的刚度和配筋量的差异，从而引起混凝土内部温度应力的差异，因此导致大体积混凝土结构构件差异处出现裂缝。

3.1.1.2 大体积混凝土施工的基本规定

（1）大体积混凝土施工应编制施工组织设计或施工方案。

（2）大体积混凝土工程施工除应满足设计规范及生产工艺的要求外，且应符合构造措施及技术措施的要求。

（3）大体积混凝土工程施工前，宜对施工阶段大体积混凝土浇筑体的温度、温度应力及收缩应力进行试算，并确定施工阶段大体积混凝土浇筑体的升温峰值、里表温差及降温速率的控制指标，制定相应的温控技术措施。

（4）温控指标宜符合下列规定：

1）混凝土浇筑体在入模温度基础上的温升值不宜大于50℃。

2）混凝土浇筑块体的里表温差（不含混凝土收缩的当量温度）不宜大于25℃。

3）混凝土浇筑体的降温速率不宜大于2.0℃/d。

4）混凝土浇筑体表面与大气温差不宜大于20℃。

（5）大体积混凝土施工前，应做好各项施工前准备工作，并与当地气象台、站联系，掌握近期气象情况。必要时，应增添相应的技术措施，在冬期施工时，尚应符合国家现行有关混凝土冬期施工的标准。

3.1.2 施工操作平台施工技术

目前大部分冷却塔在建项目的塔身施工多采用悬挂式三角架翻模技术。在悬挂式三角架翻模技术成熟之前，冷却塔塔身多采用满堂脚手架翻模施工或者三角架-筒内满堂架组合式施工。但在调研中发现，后两者多存在钢管投入量大、费用高、效益低等问题，且塔身结构留下较多的施工孔洞，影响结构安全，且封孔导致成本与劳动力投入增加。

随着悬挂式三角架翻模施工技术的不断成熟，其安全性得到提升，逐渐得到各方认可。调研项目中所使用的悬挂式三角架翻模系统将操作平台、模板支撑、塔身以及安全防护融合成一体，主要由钢模板、水平杆、竖杆、斜撑、顶撑、走道板、对拉螺栓及安全网等组成，其示意图如图3-3所示。不同项目的冷却塔高度、壁厚不尽相同，因此项目在斜撑与顶撑的角钢选型、安装方面存在一些差异。

通常情况下，内外钢制模板高度、宽度根据筒体曲率确定，利用对拉螺栓连接。水平杆、竖杆、斜撑、顶撑均为角钢，杆间通过螺栓连接。防护栏通常采用圆钢。竖向、环向支撑及各层三角架组成了复杂的空间结构，如图3-4所示。

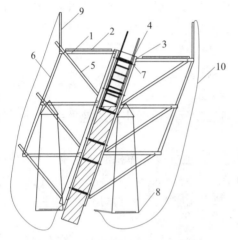 

图3-3　三角架翻模示意图　　　　　　图3-4　悬挂式三角架
1—水平杆；2—脚手板；3—竖杆；4—钢模板；5—斜撑；
6—顶撑；7—对拉螺栓；8—吊篮；9—防护栏；10—安全网

在塔身施工过程中，悬挂三角架既是塔身模板又是操作平台，主要作用荷载为人员荷载、材料荷载、施工机具荷载、施工荷载等，且每一层三角架上荷载随施工工序的进行而不断变化。各层三角架相互连接形成一个闭合的环形刚性结构依附在筒体上，上层架体通过竖杆、顶撑、模板将荷载传递到下层三角架，然后传递到达到施工要求强度的筒体结构上。

尽管不同项目所使用的三角架在构造上存在一些差异，但是其安装方法、翻模顺序基本一致。三角架的安装、翻模顺序如图3-5所示。

悬挂式三角架翻模施工的优点较多，在现场调研过程中发现，该种设备得到了施工单位的广泛认可，在实际施工中深受好评。在施工前期不用添置动力设备，投入较小，且适用于大部分双曲线型钢筋混凝土冷却塔塔身施工。将模板支架和脚手架平台合二为一，不但明显减少脚手架的使用数量，而且有效地解决了平台搭设困难和克服了滑膜施工过程中难以控制混凝土外观等诸多难题，并且解决了许多施工安全问题。

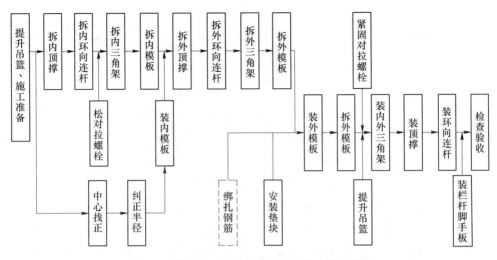

图 3-5 悬挂式三角架翻模系统安装、拆除顺序

悬挂式三角架翻模技术本身是一项危险的高空作业技术，要求施工后塔身自身混凝土强度已经达到一定要求后再翻模。现行国家标准《双曲线冷却塔施工与质量验收规范》（GB 50573—2010）中规定，底层混凝土强度达到 12MPa 以上方可进行拆除。另外，施工过程易受到环境因素的影响，比如一旦出现 5 级以上的大风天气或者较大的雨雪天气时，需立即停止施工。

3.1.3 垂直运输系统

钢筋混凝土冷却塔施工过程中人员通行与材料、设备的运输全部依靠垂直运输系统，不同项目依据项目自身特点选择一种或多种垂直运输系统组合的方式。垂直运输机具包括塔式起重机、施工电梯、金属竖井架、液压顶升平桥等。

目前冷却塔施工项目多采用以下几种垂直运输系统，其特性对比见表 3-1。

表 3-1 调研项目垂直运输系统特性统计分析

序号	垂直运输系统	特 性			
		布置位置	固定措施	施工安全度	其他
1	金属竖井架	布置在塔外	附着在冷却塔塔身上，利用井架的缆风绳再次固定	自然气候的影响比较大，施工安全度较差	较为传统的垂直运输设备
2	自升式折臂塔吊	位于冷却塔中心附近	附着在冷却塔内侧塔身上	受风荷载影响较大	搭配曲线施工升降机使用
3	垂直施工升降机	布置在塔内	设置升降机基础，附着在钢管脚手架上	受风荷载影响小	可同时运送钢筋、混凝土及施工人员

续表 3-1

序号	垂直运输系统	特　　性			
		布置位置	固定措施	施工安全度	其他
4	液压顶升平桥	布置在塔内	设置独立基础，并通过平桥与塔身内侧相连	顶升简单，安装有多种安全装置，安全可靠	顶升过程较为复杂
5	塔式起重机	塔内、塔外	设置有独立基础，附着在塔身上	技术成熟，合理操作下较为安全	塔机臂长有限，通常需要设置多台塔式起重机

大部分冷却塔项目选用液压顶升平桥作为塔身施工的垂直运输设备。液压顶升平桥是一种集多用途升降机、塔机、吊桥功能为一体的用于冷却塔施工的新型垂直运输系统，既可为多功能升降机提供附着，又为施工中钢筋和混凝土等物料的贮存和水平运输提供平台，如图 3-6 所示。

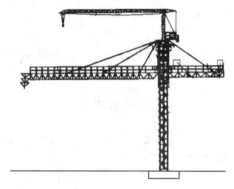

图 3-6　液压顶升平桥

对于淋水面积大的钢筋混凝土冷却塔，仅配置一台液压顶升平桥无法满足塔身施工时大量材料的远距离运输，所以往往搭配多个塔式起重机共同运转。

3.2　高耸构筑物施工时变结构分析

3.2.1　高耸构筑物结构特性

（1）结构变形。高耸构筑物结构变形在施工过程中受到诸多不确定因素的影响，当采用不同的施工工艺时，结构变形往往存在较大差异。塔身平面位置、标高、壁厚等因结构变形出现超出结构设计以及相关规范变形允许的情况。因此，必须对施工中的塔身标高、塔身半径、塔身垂直度、塔身壁厚等进行结构变形控制。

（2）结构内力。高耸构筑物下部混凝土塔身的拉压应力在上部持续施工过程中发生着较大的变化，往往会超出结构自身抵抗限值，导致混凝土塔身产生裂缝，内部钢筋提前屈服，最终可能导致结构破坏。在对结构构件进行内力量测时，往往需要使用特殊仪器，如应力检测仪，才能得到结构构件实际的内力情况。结构内力控制是塔身结构施工控制中的关键环节。

（3）结构稳定性。当作用在结构上的外力增加到某一界限值时，结构原有的稳定性被打破，若此时结构的边界条件稍有变化，结构发生失稳，导致丧失正常工作能力的现象，这种现象被称为结构失稳。结构强度、刚度以及结构稳定性是描述结构安全状态的三要素，实现对三者的有效控制，对于施工过程中的结构安全性具有重要意义。

3.2.2　高耸构筑物时变结构内涵

3.2.2.1　结构施工时变分析的时间冻结假定

如何准确模拟不同施工阶段结构体系的累积效应和力学形态，如何准确预测各个施工阶段结构体系的变化，如何准确控制结构变形和应力状态，如何确保最终成型结构的内力和造型符合设计要求，已成为当前迫切需要解决的问题。因此必须要有合适的力学理论来指导并解决这些问题。以往的理论力学专门对给定不变的结构进行分析，而且结构所承受的荷载也是固定不变的（静力荷载不随时间变化而变化，动荷载按已知规律进行变化）。现在需要的力学理论则是可以适用动态变化、随时间变化而变化的结构，即所谓的"时变结构力学"。随着科学技术的日新月异，时变结构力学也一直保持着良好的发展势头。国内一批先进的科技工作者根据时变结构本身与荷载变化速率的快慢，将时变结构力学分为以下三类：

（1）快速时变结构力学。结构本身形状、所受荷载或者其他重要参数由于工作过程中受到外界环境的影响而快速变化，并常伴有振动现象的结构称为快速时变结构。快速时变结构力学的主要研究要点是结构的惯性影响，由于快速时变力学方程求解困难，所以目前我国对其研究只处于初级阶段，并未在实际施工过程中应用，目前仅将其成功应用于航天事业。

（2）慢速时变结构力学。结构形状和所受荷载随时间缓慢变化的结构称为慢速时变结构。慢速时变结构既可以将其当做一系列离散不连续的不可变结构，只研究所有施工过程最不利状态，进行时变结构的静力学分析，又可以将其所有施工过程当做由无限个连续施工状态组成，并且后一个施工状态的进行会受到前一个施工状态的影响，而且研究结构的稳定性、刚度和承载力时考虑结构的变化和影响。显然后一种要比前一种更加精确。慢速时变结构广泛应用于大跨钢结构施工过程中的力学表现，例如：对结构构件的吊装和主体结构的卸载。

（3）超慢速时变结构力学。在结构服役期间，由于材料损伤、环境腐蚀和荷载变化等因素使结构内部发生极为缓慢变化的结构称为超慢速时变结构。通过研究超慢速时变结构力学在结构使用过程中的安全性，不仅可以为结构的维修决策提供理论依据，而且还可以做结构服役期间的可靠度分析。施工期间结构的受力状态和结构体系会随着施工进程的改变而改变。在结构施工过程中需要考虑的主要时变因素包括：1）施工误差的积累变化；2）结构刚度的变化；3）结构边界条件的变化；4）结构几何构型和结构体系的变化。

时变分析以时变结构力学为基础，而结构在施工过程中从无到有，从基础施工到结构建成，经历了巨大变化，但变化速度较慢，可以认为是慢速时变结构，因此施工力学属于慢速时变力学问题。施工力学是慢速时变结构力学研究的主要问题之一。具体到大型复杂结构的施工过程中，结构的施工过程分析和计算是必不可少的，在进行施工力学数值分析时，由于结构施工过程可以处理为慢速时变过程，因此可以采用时间冻结法进行分析，但是如何提高效率，却是当前施工力学中需要解决的问题之一。

对于慢速时变力学问题，由于施工过程中结构体系和荷载随时间变化缓慢，施工过程具有明确的阶段性，因此，可以采用离散的时间冻结法进行处理，即可以将施工过程划分成一系列施工阶段，认为每一施工阶段的结构体系和荷载均不发生变化，即看成时不变结构，整个施工过程由一系列时不变结构组成，对各个施工阶段的时不变体系进行非线性有限元分析，每一阶段的计算都以上一阶段的平衡状态为计算初始状态，得到结构在各个施工阶段的力学性态。

3.2.2.2　时变结构施工过程的分析内容

结构施工过程需要进行的分析和计算包括如下内容：

（1）施工全过程的结构内力和位移计算；

（2）临时支撑的布置方案及拆撑过程计算；

（3）结构整体提升过程的内力和位移计算；

（4）结构施工过程中，结构整体稳定性计算；

（5）大型构件吊装过程中的内力和位移计算；

（6）结构施工过程中，风荷载、温度荷载以及地震荷载等影响分析；

（7）预应力张拉全过程跟踪模拟计算及方法。

另外，根据结构和施工工艺的不同，在实际的施工过程验算中，应该根据实际情况进行计算分析。

3.2.2.3 结构施工时变分析关键问题

高耸构筑物施工过程是一个结构体系及其力学性态随施工进程非线性变化的复杂过程，是多种时变因素综合的结果，如果要对结构施工全过程进行精细化模拟，就必须在施工计算的各个阶段对各种时变因素进行合理考虑，采取合适的理论和方法对其进行模拟和定义，因此，施工时变分析的关键是各种时变特性的模拟问题，包括边界条件时变模拟，荷载时变模拟，材料性质时变模拟，几何构形、体系及结构刚度时变模拟等。结构不同其对应的关键问题也有所不同。

（1）高耸构筑物结构的边界条件时变、荷载时变可以通过分步施加约束、分步加载的方法进行模拟，结构的刚度、几何构形和体系的时变可以通过非线性有限元和生死单元技术，不断修正结构计算刚度矩阵来实现，而混凝土材料往往是高耸混凝土结构主要的建筑材料，其自身的收缩徐变效应是典型的材料时变问题，是引起结构竖向变形的重要因素。

（2）高耸构筑物结构的边界条件时变、荷载时变也可以通过分步约束、分步加载的方法模拟，其材料也往往采用钢材作为建筑材料，因此材料时变不是预应力结构的关键问题。但是预应力结构所采用的拉索构件本身具有很强的非线性，其自身刚度与预应力水平具有直接关系，需要对其预应力状态进行形态分析，确定各阶段的具体预应力状态；同时预应力结构的拉索连接往往采用连续式索节点，索与节点间可以产生滑移，索节点滑移将严重影响结构的预应力状态，引起结构的几何构形、体系及刚度时变。

3.2.3 高耸构筑物施工时变性分析

高耸构筑物施工过程是一个复杂的结构系统渐变过程，其结构体系从无到有、从小到大、从简单到复杂、从局部到整体，经历了一系列巨大变化，表现出很强的时变特性，主要包括边界条件时变、荷载时变、材料性质时变、几何构形及体系时变和结构刚度时变等。各种时变特性在不同结构施工段中的具体表现也不相同。而影响结构安全的主要时变特性是材料性质时变、几何构形及体系时变和结构刚度时变。

高耸构筑物施工中的材料时变主要是指混凝土收缩徐变。这种时变由混凝土材料本身性质决定，其施工过程中的强度、弹性模量以及收缩徐变都随着时间的发展而不断变化。钢筋混凝土高耸构筑物的混凝土浇筑都是分层、分段、分时逐步进行，在下一节混凝土浇筑的时候，前一节混凝土还未完全达到强度标准值，从而形成一个由不同物理特性且不断变化的材料组成的过程结构，表现出强烈的材料时变特性。

施工过程中，结构的几何构造和形状是按照设计要求在施工中逐步形成的。

随着施工进展，结构构件按照设定顺序或规律安装到相应位置，结构几何构形和几何形状逐步完善，最终实现设计位形。因此，每一施工阶段结构几何构造和形状都是不断变化的。同样，由于施工顺序问题，部分构件可能不能按顺序和构造需求及时完成施工任务，而要同其他结构构件一起施工完成，这便出现临时结构体系与设计结构体系几何构形不一致的情况。往往需要设置临时支撑，形成与设计结构体系不同的支撑与结构协同工作的复杂体系，而随着几何构形的完善，最终需要拆除临时支撑，使得主体结构能够独立承受荷载，从而再次引起结构体系的转换。

3.2.4 时变因素分析

高耸构筑物施工过程分析主要是解决其边界条件时变，荷载时变，结构的刚度、几何构形和体系时变，材料时变等关键时变因素的模拟问题，如图 3-7 和图 3-8 所示。

图 3-7 钢筋混凝土冷却塔结构　　　图 3-8 钢筋混凝土冷却塔结构施工数值模拟

（1）边界条件的时变模拟。主要可以通过分步施加弹性约束或者临时支撑单元来模拟，施加弹性约束即通过弹簧单元来模拟其边界条件时变，弹簧将根据每阶段的受力改变变形量进而实现边界条件时变的模拟。

（2）荷载的时变模拟。可通过分步加载的方法实现，即根据施工阶段，按照统计出来的施工时变模型，对已施工部分进行施工荷载施加，模拟其施工荷载时变特性。

（3）结构的刚度、几何构形和体系的时变模拟。可以通过非线性有限元和生死单元技术，不断修正结构计算刚度矩阵来实现，即通过将单元刚度矩阵乘以一个极小因子，同时将单元荷载、质量、阻尼、应变等设置为 0，使其在计算中不起作用，实现单元"杀死"状态，模拟构件的拆除或者未施工状态。对于构件的安装模拟，可将单元刚度、质量和载荷等恢复其原始数值，且重新激活的单元应变记录实现。

（4）材料时变。主要针对混凝土结构而言，由于其材料特性会随着时间的发展而变化，包括混凝土自身强度随龄期的发展变化，混凝土收缩、徐变效应随时间的发展等，是典型的时变材料。对混凝土材料时变的模型需开发材料时变子程序，模拟其施工过程中的强度变化和收缩徐变。

目前混凝土材料时变预测模型有很多，如：ACI209R-82、CEB-FIP（MC90）、ACI209-92、BP、BP-KX 和 B3 模型等，其中 CEB-FIP（MC90）模型运用较为成熟，预测精度较高，适用于混凝土结构暴露在平均温度 5~30℃和平均相对湿度 RH=40%~100%的环境中。CEB-FIP（MC90）混凝土抗压强度时变模型为：

$$f_{cm}(t) = \eta(t)f_{cm}$$

$$\eta(t) = \exp\{s[(1 - \sqrt{28/t})]\} \tag{3-1}$$

式中　$f_{cm}(t)$——龄期 t 时混凝土立方体抗压强度；

　　　f_{cm}——龄期 28d 时混凝土立方体抗压强度；

　　　$\eta(t)$——取决于混凝土龄期 t 的系数；

　　　s——取决于水泥种类的常数，快硬高强水泥取 0.2，普通或快硬水泥为 0.25，慢硬水泥取 0.38。

与抗压强度时变模型保持一致，混凝土弹性模量 CEB-FIP（MC90）时变模型为：

$$E_c(t) = E_{c28}\sqrt{\eta(t)} \tag{3-2}$$

$$E_{28} = \frac{9.8 \times 10^4}{2.2 + \dfrac{32.362}{f_{cuk}}} \tag{3-3}$$

式中　E_{c28}——混凝土在龄期 28d 时的弹性模量；

　　　f_{cuk}——混凝土立方体抗压强度标准值；

　　　$\eta(t)$——取决于混凝土龄期 t 的系数。

同时可以采用龄期调整有效模量法（AEMM）实现 CEB-FIP（MC90）收缩徐变预测模型的程序化。低应力状态下，徐变与应力存在着线性关系。AEMM 法根据这一现象，考虑徐变因素，建立应变与应力两者增量的关系，得到有效弹性模量 $E(t, \tau_n)$，按龄期调整后可以考虑徐变变形。在有限元计算中，按照混凝土的发展龄期，实时更新混凝土的有效弹性模量，通过混凝土弹性模量的合理折减，计算得到含有徐变变形的总变形值。在实际模拟过程中，按照构件随时间变化的参数，将混凝土弹性模量 E_c 替换成相应阶段的等效弹性模量 $E(t, \tau_n)$，在有限元中不断地更新，得到包括混凝土徐变变形在内的总体变形，实现混凝土施工过程中的徐变模拟。

3.3 高耸构筑物结构数值分析

3.3.1 时变结构数值分析方法与流程

（1）结构在基本荷载作用下的分析。基本荷载作用下的设计主要对结构进行静力荷载、风荷载作用下的传统优化设计，此过程分析可采用效应组合分析。

1）首先根据结构的设计使用年限，确定基本荷载的取值重现期，进行静力各工况下的荷载汇集。

2）对于线性结构，首先进行各个荷载单一工况下的静力分析，获得结构各个单一工况下的效应结果。

3）按照荷载工况对各个效应进行组合，将组合后的结构效应与抗力进行比较（强度、稳定承载力、变形等），如果不能满足要求，则继续对结构进行体系或者构件优化调整，直至满足规范要求。

（2）结构抗震设计。抗震设计主要对结构进行传统设计方法的抗震分析，主要可以采用反应谱法和时程分析法进行分析。

1）首先建立结构的动力分析模型。

2）对结构进行反映谱法的多遇地震分析，并将多遇地震分析结果与静力分析结果进行工况组合分析，将组合后的结构效应与抗力进行比较（强度、稳定承载力、变形等），如果不能满足要求，则继续对结构进行体系或者构件优化调整，直至满足规范要求。

3）根据结构的重要性确定是否需要进行罕遇地震的补充计算，对计算结果进行分析，并根据大震不倒设计原则对结果进行校核和结构优化调整，直至结构满足规范要求。

（3）结构施工校核设计。在上述分析的基础上进行第三个步骤的施工校核分析，该步骤主要是采用合适的施工模拟方法对前两个步骤传统设计方法设计出的建筑结构进行施工模拟分析，考察施工过程中未成型结构的安全性能和状态。

1）首先建立施工仿真模型，按照施工顺序对结构进行安装构件分组，即将结构施工过程划分为一个个施工阶段，将每个施工阶段所施工的构件作为一个单元组，以便后续施工模拟时可以按组对施工构件进行激活，模拟结构的几何时变特性。

2）按照施工阶段对结构施加施工荷载，并读入材料时变子程序，模拟各阶段施工荷载的时变特性和结构材料时变特性。

3）结构施工拼装过程及卸载过程模拟。

4）提取结构各个施工阶段的效应结果（杆件内力、总体位移等），并与对应阶段结构抗力进行比较，校核是否满足安全和精度要求，如果满足要求则设计结束，如果不满足要求则根据计算结果继续对结构进行优化调整，直至满足安全和施工精度要求。图 3-9 为最终考虑施工过程的时变结构设计流程图。

高耸构筑物结构施工全过程分析可以按时段离散和时间冻结理论实现。即将超高层施工过程根据施工安装进程划分为一系列施工阶段，将各施工阶段结构视为一系列时不变结构，下一阶段的计算以上一阶段的平衡状态为计算初始状态，通过对一系列时不变结构连续求解，获得施工过程中的结构状态。

最后，通过分步加荷、分步约束、混凝土收缩徐变模拟及单元生死等关键技术对荷载时变、边界时变、材料时变以及结构体几何刚度时变进行模拟，进而实现考虑收缩徐变效应的高耸构筑物施工全过程分析。具体模拟分析过程如下：

（1）根据设计信息，建立整体结构有限元模型；

（2）采用生死单元技术将模型所有单元"杀死"，模拟结构施工前的"零"状态；

（3）依据实际施工流程和进度，采用生死单元技术逐步对相应施工阶段的单元进行激活，并对相应材料参数进行定义，施加相应的施工荷载，在此基础上对各阶段结构进行连续性有限元求解，实现施工全过程模拟。

在施工模拟中可以通过修改单元几何信息的方式来改变构件尺寸，进而实现找平模拟，即在单元处于未激活状态时通过施加强迫位移改变节点位置，进而改变构件尺寸实现施工找平模拟；而不找平计算则不需进行单元节点位置修正，只需按照模型原始尺寸即设计下料长度进行施工模拟即可。最终建立可以考虑施工工序、施工周期、施工荷载、材料时变、施工找平等一系列时变因素影响的精细化超高层施工全过程模拟方法。

3.3.2 数值模拟分析方法

施工模拟就是通过计算机系统模拟施工过程，求解内力和位移，论证施工方案的可行性，甚至可以指导方案设计；对理论值与实测值进行比较分析，若两者误差较大，就要进行检查，分析原因，及时对产生偏差的主要参数进行修正，或者采取有效的调整措施，使施工偏差保持在允许的范围之内，保证安装过程中结构的安全性及安装完成后结构的可靠性。施工和设计是不能分开的，结构的设计必须考虑施工方法、施工中内力与变形，而施工方法的选择应符合设计要求，使设计与施工相互配合。

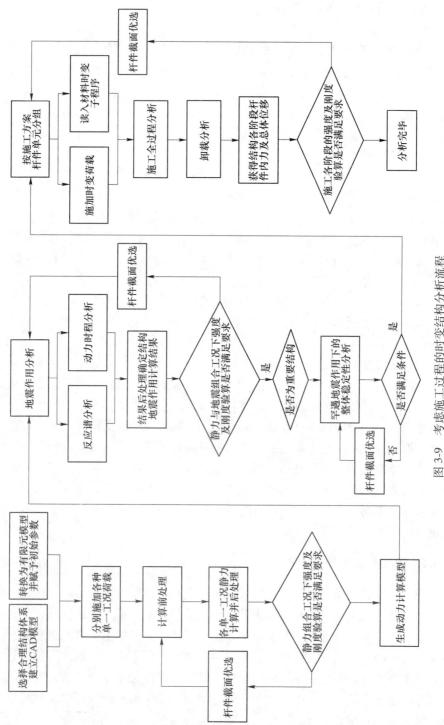

图 3-9 考虑施工过程的变结构分析流程

目前在工程技术领域内常用的数值模拟方法有：有限单元法、边界元法、离散单元法和有限差分法，但就实际性和应用的广泛性而言，主要是有限单元法。

有限元分析的基本概念是用较简单的问题代替复杂问题后再求解。它将求解域看成是由许多称为有限元的小的互连子域组成，对每一单元假定一个合适的较简单的近似解，然后推导求解这个域总的满足条件，从而得到问题的解。由于大多数实际问题难以得到准确解，而有限元不仅计算精度高，而且能适应各种复杂形状，因而成为行之有效的工程分析手段。

有限元是那些集合在一起能够表示实际连续域的离散单元。有限元法最初被称为矩阵近似方法，应用于航空器的结构强度计算，并由于其方便性、实用性和有效性而引起从事力学研究的科学家的浓厚兴趣。经过短短数十年的努力，随着计算机技术的快速发展和普及，有限元方法迅速从结构工程强度分析计算扩展到几乎所有的科学技术领域，成为一种丰富多彩、应用广泛并且实用高效的数值分析方法。简言之，有限元分析可分成三个阶段，前处理、处理和后处理。前处理是建立有限元模型，完成单元网格划分；后处理则是采集处理分析结果，使用户能简便提取信息，了解计算结果。

施工力学问题求解的难点在于边界条件时变、材料性质时变、结构刚度时变、结构几何时变等时变特性的模拟，伴有几何、材料和边界的非线性。其中，几何、材料和边界的非线性是指结构的受力状态在荷载作用下随效应累积而产生的改变，分别由几何方程、材料本构关系和边界条件的非线性所引起。

目前，施工力学问题的数值求解方法主要包括有限单元法、时变单元法和拓扑变化法。拓扑变化法是运用拓扑原理用数值手段实现求解区域随时间变化的解值，但是时变次数不能过多。时变单元法是通过单元大小变化来实现求解区域的时变，离散网格不发生变化。有限单元法则是利用单元增减实现求解区域的变化。其中有限单元法理论推导严密，易于程序化实现，广泛应用于固体力学问题的求解当中，是目前施工力学数值求解的主要手段，而其他两种方法则应用较少。

因为结构施工阶段的受力与设计状态存在着很大的区别，所以对施工阶段进行准确验算时便不能用完整的计算模型，因此对于结构施工阶段结构性能的研究，要采取新的计算方法。目前为了分析时变结构施工前后的内力和变形，常用的有限元分析计算方法，主要包括状态变量叠加法和生死单元法两种。

3.3.2.1 生死单元法

单元生死技术是一种建立在有限单元法上的非线性分析理论：它通过改变单元的"生"和"死"实现求解域的时变，即通过在结构整体刚度矩阵中增加或消除相应构件的单元来模拟施工中结构或者构件的安装或者卸载。在模拟中可以一次性建立起完整的结构有限元分析模型，然后再将全部单元"杀死"，之后再根据实际的施工情况对不同的单元进行激活或杀死辅助单元，来模拟和分析整个施工过程中的力学性能的变化。生死单元技术是基于状态非线性有限单元法对结构施工全过程模拟分析的主要技术，其基本原理如下：

（1）"杀死单元"就是将单元的荷载、质量、阻尼和比热容等类似效果设置为 0，且将其单元刚度矩阵乘以一个极小因子，单元的应变在"杀死"的同时也将被设置为 0，使得被杀死的单元在计算中不起作用，实现单元"死"的状态。

（2）"激活单元"与"杀死单元"相反，"激活单元"是将单元的刚度、质量和载荷等恢复其原始数值的过程，且重新激活的单元没有应变记录。

因此可以通过杀死单元的方式实现构件的拆除模拟，通过激活死单元的方式实现构件的安装模拟。

生死单元法通过控制结构单元的"生"和"死"来模拟实际施工阶段构件的状态变化，通常用"活单元"和"死单元"来表示。其中，"死单元"是指在当前阶段尚未安装或对主体结构受力无影响的构件，"活单元"是指已经在当前阶段安装完毕的构件。生死单元法可以理解为通过修改单元的刚度矩阵来模拟施工过程中构件的安拆。生死单元法基本的流程如图 3-10 所示，首先依照结构的竣工形态构建有限元分析模型，接着"杀死"全部单元使结构回归到施工的最初状态。当施工到了阶段 1，率先"激活"施工阶段 1 的单元，并计算该施工阶段 1 对应的结构荷载。随着施工的不断进行，再"激活"施工阶段 2 的单元并计算对应的结构荷载。如此反复操作直至结构达到竣工状态，可实现分析施工全过程的目的。

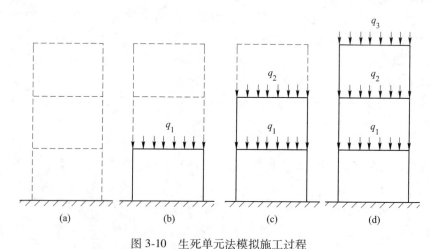

图 3-10　生死单元法模拟施工过程

（a）设计状态；（b）施工阶段 1；（c）施工阶段 2；（d）竣工状态

"死单元"不是指简单地从模型中将该单元删除，而是将其刚度矩阵乘以一个数值 K（一般取值为 1.0×10^{-6}），可称该数值 K 为单元"生死"系数。此时

"死单元"的质量、荷载及其他相关特性都将接近于零，虽然它仍出现在单元列表上，但它在力学性质上是处于一种"死"的状态，这种"死单元"对结构整体刚度的影响非常小。一个单元被"激活"的含义，也并非是在模型中直接增添新的单元，而是重新激活单元列表上存在的但在前面阶段被"杀死"的单元，即解除其单元"生死"系数 K 以达到恢复其刚度、质量特性的目的。整个施工过程中，虽然"死单元"的物理、力学特性为零，但它仍会跟随"活单元"发生应变。这种应变被称为"漂移"作用，它会对结构下一阶段的有限元模型产生影响。根据生死单元法的基本原理和基本流程可以知道，采用生死单元法对不同施工方法进行过程模拟分析是十分便利的。首先依据设计状态建立结构的整体模型，然后根据施工顺序控制单元的"生"或"死"来对施工过程进行模拟，同时该方法可以非常方便地体现细微变化对结构的影响。

3.3.2.2 状态变量叠加法

状态变量叠加法考虑了施工过程中各个阶段的状态变量因素，改变了传统设计中不考虑施工过程状态变量叠加的状况，因此它可以真实地模拟施工过程，是一种优秀的理论计算方法。假设某大跨钢结构由 n 个施工阶段组成，则在结构施工过程中每一个施工阶段的内力计算方程和有限元基本计算方程为：

施工第一阶段：　　　　　　　　$K_1 U_1 = P_1$

第一阶段内力：　　　　　　　　$N_1 = k_1 A_1 U_1$

施工第二阶段：　　　　　　　　$(K_1 + K_2) U_2 = P_2$

第二阶段内力：　　　　　　　　$N_2 = k_2 A_2 U_2$

……

施工第 n 阶段：　　　　　　　$(K_1 + K_2 + \cdots + K_n) U_n = P_n$

第 n 阶段内力：　　　　　　　$N_n = k_n A_n U_n$

式中　K_i——第 i 施工阶段时，结构的总刚度矩阵；

　　　k_i——第 i 施工阶段时，结构的杆单元刚度矩阵；

　　　U_i——第 i 施工阶段时，结构的位移量；

　　　P_i——第 i 施工阶段时，结构的节点力向量；

　　　A_i——第 i 施工阶段时，结构的几何矩阵；

　　　N_i——第 i 施工阶段时，结构杆件的内力向量。

施工阶段结构最终位移：　　　$U = U_1 + U_2 + \cdots U_n$

施工阶段结构最终内力：　　　$N = N_1 + N_2 + \cdots N_n$

经以上分析可知，考虑施工阶段的计算和设计方法在计算时不仅可以得到总状态的变量，还可以提取任意施工阶段的内力和变形等变量，比传统的方法更加符合实际，计算结果更加精准。对结构全过程的施工模拟是现阶段最为有效的分析方法，可以准确地表现结构在施工阶段中的受力和变形。利用状态变量叠加法可以得出施工过程中各阶段的受力特性，但是在实际生活中要想在结构设计阶段就利用该方法进行结构设计是难以实现的。这是因为状态变量叠加法要求在结构设计阶段就要确定最终的施工安装方案，并且要求施工方案细致到具体每一个施工步骤和施工顺序，这种限制在现阶段存在很大阻碍。目前我国大型结构工程往往由多家施工单位共同承建，各个单位根据其自身特点进行施工，而且在实际施工过程中一旦牵扯到资金、设备、场地等因素，施工顺序很可能发生很大变化，这些问题不是在设计阶段就能掌握的。状态变量叠加法目前还不适用，现阶段大部分有限元分析软件施工模拟方法大都采用生死单元法。

3.3.3 数值分析软件

随着现代科学技术的发展，人们正在不断建造更为快速的交通工具、更大规模的建筑物、更大跨度的桥梁、更大功率的发电机组和更为精密的机械设备。这一切都要求工程师在设计阶段就能精确地预测出产品和工程的技术性能，需要对结构的静、动力强度以及温度场、流场、电磁场和渗流等技术参数进行分析计算。

分析计算高层建筑和大跨度桥梁、特种筒仓结构在地震时所受到的影响，看是否会发生破坏性事故；分析计算核反应堆的温度场，确定传热和冷却系统是否合理；分析涡轮机叶片内的流体动力学参数，以提高其运转效率，这些都可归结为求解物理问题的控制偏微分方程式，这些问题的解析计算往往是不现实的，近年来在计算机技术和数值分析方法支持下发展起来的有限元分析方法则为解决这些复杂的工程分析计算问题提供了有效的途径。现在使用灵活、价格较低的专用或通用有限元分析软件有很多，但常用的能进行施工过程数值模拟的是 ANSYS和 ETABS，下面介绍常见的数值模拟分析软件。

（1）ANSYS。ANSYS 软件是美国 ANSYS 公司研制的大型通用有限元分析（FEA）软件，是世界范围内增长最快的计算机辅助工程（CAE）软件，能与多数计算机辅助设计（computer aided design，CAD）软件接口，实现数据的共享和交换，ANSYS 软件是融结构、热、流体、电磁、声学于一体的大型通用有限元软件，包含了前置处理、解题程序以及后置处理功能。ANSYS 软件进入中国比较早，国内知名度高，应用广泛。ANSYS 公司注重应用领域的拓展与合作，目前已经覆盖核工业、铁道、石油化工、航天航空、机械制造、能源、汽车交通、国防军工、电子、土木工程、生物医学、水利、日用家电等研究领域。该软件提供了不断改进的功能清单，具体包括：结构高度非线性分析、电磁分析、计算流体力学分析、设计优化、接触分析、自适应网格划分及利用 ANSYS 参数设计语言扩展宏命令功能，如图 3-11 和图 3-12 所示。

（2）ABAQUS。ABAQUS 软件是一套功能强大的工程模拟的有限元软件，其

图 3-11 ANSYS 软件主界面

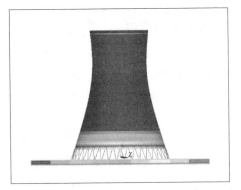

图 3-12 ANSYS 结构分析实例

解决问题的范围从相对简单的线性分析到许多复杂的非线性问题。ABAQUS 软件以其强大的非线性分析功能以及解决复杂和深入的科学问题的能力被科研界广泛应用。它包括一个丰富的可模拟任意几何形状的单元库，并拥有各种类型的材料库，可以模拟典型工程材料的性能，作为通用的模拟工具。ABAQUS 除了能解决大量结构问题，还可以模拟其他工程领域的许多问题。ABAQUS 有两个主求解器模块，ABAQUS/Standard 和 ABAQUS/Explicit。ABAQUS 还包括一个全面支持求解器的图形界面，即人机交互前后处理模块——ABAQUS/CAE。ABAQUS 对某些特殊问题还提供了专用模块加以解决，ABAQUS/Standard 使各种线性和非线性工程模拟能够有效、精确、可靠地实现。ABAQUS/Explicit 为模拟广泛的动力学问题和准静态问题提供准确、强大和高效的有限元求解技术。ABAQUS/CAE 能够快速有效地创建、编辑、监控、诊断和后处理。ABAQUS 分析将建模、分析、工作管理以及结果显示于一个一致的、使用方便的环境中，如图 3-13 和图 3-14 所示。

图 3-13 ABAQUS 软件主界面

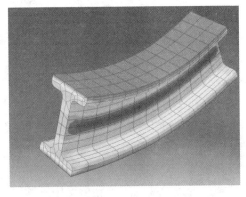

图 3-14 ABAQUS 结构分析实例

（3）MIDAS。MIDAS 软件是韩国浦项制铁（POSCO）集团 1989 年成立专门机构研制开发的，是 MIDAS Information Technology Co., Ltd.（简称 MIDAS IT）（是浦项制铁集团成立的第一个"风险企业"）的最主要产品，是一种通用结构有限元分析与设计软件。MIDAS 适用于桥梁、地下结构、水池、大坝、隧道、各种楼房、陆地以及海上工业建筑、体育场馆、飞机库、发电厂、轮船、飞机、输电塔、起重机、压力容器等普通及特殊结构的分析与设计。MIDAS 除了可以进行一般的静力和动力分析（线性静力分析、温度应力分析、线弹性时程分析）之外，还可以做施工阶段分析、支座沉降分析、屈曲分析、预应力结构分析、P-delta 分析、反应谱分析、水化热分析、热传导分析、静力弹塑性分析（梁、柱、支撑、剪力墙）、动力弹塑性分析、材料非线性分析、几何非线性分析、动力边界非线性分析（隔震和耗能减震分析）、大位移分析（索结构、优化设计）等，如图 3-15 和图 3-16 所示。

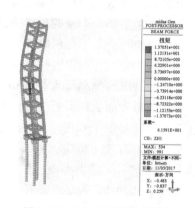

图 3-15　MIDAS 软件主界面　　　　　　图 3-16　MIDAS 结构分析实例

（4）SAP2000。SAP2000 软件是由美国 Computer and Structures Inc.（CSI）公司开发研制的，是一种通用结构有限元分析与设计软件。SAP2000 适用于桥梁、工业建筑、输电塔、设备基础、电力设施、索缆结构、运动设施、演出场所和其他一些特殊结构的分析与设计。在 SAP2000 三维图形中提供了多种建模、分析和设计选项，且完全在一个集成的图形界面内实现。先进的分析技术可提供逐步变形分析、多重 P-Delta 效应、特征向量和 Ritz 向量分析、索分析、单拉和单压分析、屈曲分析、爆炸分析、针对阻尼器或基础隔震等非线性连接构件进行快速非线性分析、非线性动力直接积分时程分析、用能量方法进行侧移控制和分段施工分析等。SAP2000 桥梁模板可以建立各种桥梁模型，自动进行桥梁活荷载布置，进行桥梁基础隔震和桥梁施工顺序分析，进行大变形悬索桥分析和静力非线性 Pushover 分析，如图 3-17 和图 3-18 所示。

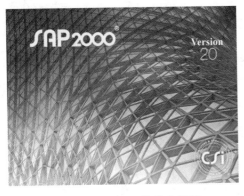

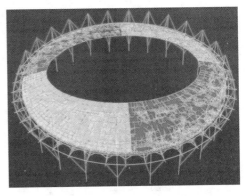

图 3-17 SAP2000 软件主界面　　　　图 3-18 SAP2000 结构分析实例

3.4 高耸钢筋混凝土冷却塔施工数值模拟案例

3.4.1 计算假定与模型建立

3.4.1.1 工程概况

该钢筋混凝土双曲线自然通风冷却塔塔高 180.000m，淋水面积 9000m²，属超高超大型冷却塔。喉部标高 131.2m，进风口标高 30.2m，塔顶中面直径 96m。喉部直径 91m，塔筒采用 X 型支柱。冷却塔主要构件参数见表 3-2。施工标高为 170.96m。

表 3-2　冷却塔主要构件参数

构件	高度/m	半径/m	壁厚/m	混凝土标号
塔身	30.20	59.26	1.7	C40
	43.04	56.53	0.33	
	63.50	51.79	0.31	
	79.74	48.88	0.285	
	88.68	47.1	0.27	
	102.10	46.16	0.25	
	120.03	45.78	0.24	
	131.20	45.50	0.24	
	156.10	45.92	0.24	
	160.50	46.31	0.24	
	170.96	47.00	0.35	
	180.00	48.00	0.48	
支柱	44 对截面为 1.8m×1.2m 的 X 型柱			C45

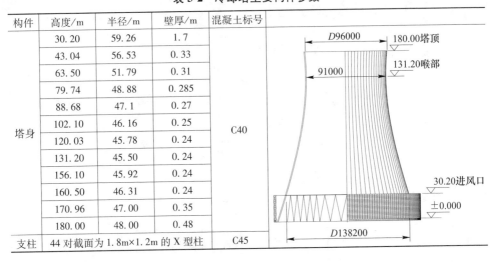

3.4.1.2 ABAQUS 操作流程

ABAQUS 是最常用到的有限元分析软件，拥有强大的计算模型和模拟功能，可以建立多种多样的单元模型和设置各类型材料属性，是施工安全控制常用的分析类软件。

在 ABAQUS 中模型的操作过程主要包含模型前处理、模型分析、模型后处理三大步骤，操作流程如图 3-19 所示。

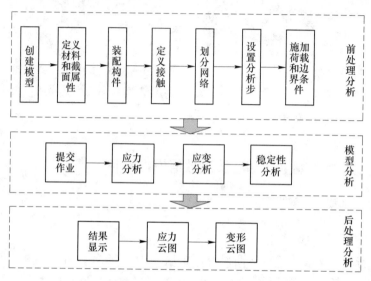

图 3-19   ABAQUS 操作流程图

（1）定义材料和截面属性。如图 3-20 所示，进行材料属性和截面属性的定

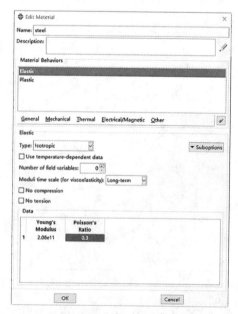
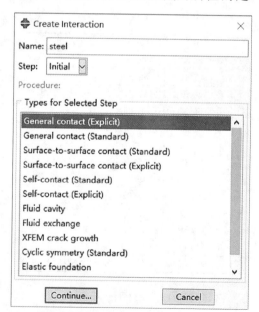

图 3-20   定义材料和截面属性

义。这是 ABAQUS 有限元软件建模中最基础的步骤之一。

（2）装配构件与接触定义。较为复杂的构件需要通过装配和定义接触之后，形成新的模型，这时的模型与实体的相似度最高。装配的精度要达到实体的要求。接触定义是否正确将直接影响到模拟的结果。定义接触的窗口如图 3-21 所示。

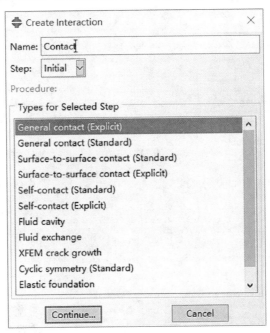

图 3-21　定义接触

（3）划分网络。本书选用的是四面体单元。单元网络划分参数如图 3-22 所示。

（4）设置分析步。分析步是后续荷载、边界条件施加的重要前提。未设置分析步的模型，无法进行后续的工作。本书中的受力分析较为简单，故只建立一个分析步，如图 3-23 所示。对于复杂受力构件或结构往往需要设置多个不同的分析步。

（5）施加荷载与边界条件。施加荷载与边界条件是在分析步的基础上进行的。荷载直接施加在已经装配好的模型上，明确荷载方向和大小。边界条件的施加也直接在装配好的模型中进行，按照模型的实际固定情况进行施加边界条件。设置窗口如图 3-24 所示。

3.4.2　塔身结构屈曲分析

本书采用 ABAQUS 软件进行冷却塔屈曲稳定性分析，塔身采用壳单元 Shell181，人字柱采用梁单元 Beam44。塔身从底部到喉部再到施工标高，其厚度按线性规律变化，壳单元 Shell181 按照变截面实际厚度定义实常数。塔身的弹性模量取 3.35×10^3 MPa，人字柱的弹性模量取 3.45×10^3 MPa。

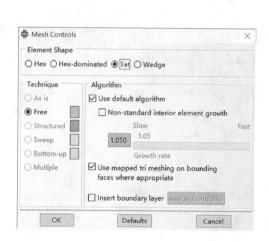

图 3-22   单元网络划分

图 3-23   设置分析步

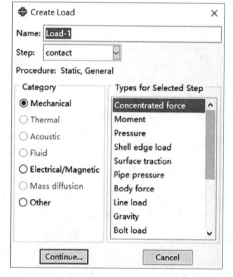

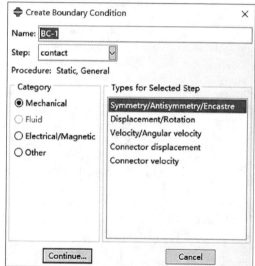

图 3-24   施加荷载与边界条件窗口

　　模拟冷却塔施工高度为 170.96m 处的屈曲稳定性。该冷却塔 ABAQUS 有限元模型如图 3-25 所示。

　　按照《工业循环水冷却设计规范》（GB/T 50102—2014）的规定，冷却塔屈曲稳定性验算时取自重+风荷载+内吸力的荷载组合。除混凝土自重（取 25kN/m³）外，悬挂三角架对其下的壳体沿环向形成均布荷载 3.6kN/m。经计算，本例的屈曲应变如图 3-26 所示。

　　从图中可知，在此施工高度，冷却塔屈曲变形主要为壳体的凹凸，其中喉部

图 3-25 施工标高为 170.96m
处塔筒模型

图 3-26 施工标高为 170.93m 处
塔筒屈曲应变图

的变形较大，塔身整体处于稳定状态。

但是仅依靠数值计算，无法对冷却塔施工起到关键的控制作用，仍需采取一定的安全控制措施保证施工质量或监控施工安全进程。

3.4.3 操作平台安全分析

本书针对危险性较高、控制难度大的三角架操作平台的关键节点进行受力分析，并结合软件模拟得出相应的计算方法，从而为钢筋混凝土冷却塔施工操作平台关键节点安全控制提供一种力学计算方法。

该方法是针对使用悬挂三角架翻模技术的操作平台进行模型建立、边界条件分析、荷载组合以及力学计算，同时使用 ABAQUS 软件进行数值模拟分析，该方法的基本步骤如图 3-27 所示。

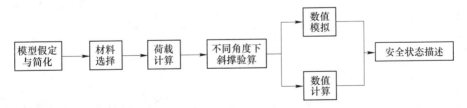

图 3-27 三角架翻模系统关键节点验算步骤

（1）模型假定与简化。

1）认为水平杆、竖杆和斜撑共同组成一个平面三角形桁架；

2）在杆件强度验算中，认为竖向三层三角架在一个平面内；

3）环向每两榀脚手架间距1m，每层模板高度1.3m；

（2）材料选择。根据三角架构造及施工项目调研，本书的材料选取见表3-3。

表 3-3　材料选取

编号	杆件名称	材料	型号	质量/kg·m⁻¹	截面面积/cm²
1	水平杆	A3	∟ 63×63×6	5.721	7.288
2	顶撑杆	A3	D34×2.5	2.189	2.788
3	斜撑	A3	∟ 50×50×5	3.770	4.803
4	竖杆	A3	∟ 63×63×6	5.721	7.288
5	吊篮下横杆	A3	D34×2.5	2.189	2.788
6	对销螺栓	A3	M18	2.0	1.740
7	铺板	木材	30×300×2000	20	180

（3）荷载计算。根据三角架构造、施工实际荷载分布以及相关规范，进行荷载选取与计算，见表3-4。

表 3-4　荷载选取与计算表

序号	荷载	描　述	计　　算	数值
1	G_1	每榀三角架重量	5.721×1.3+3.77×1.67	0.137kN
2	G_2	铺板重量	20×2×5	2.0kN
3	G_3	安全网重量	按实际规格	0.1kN
4	G_4	安全网角钢重量	按实际规格	0.07kN
5	G_5	货物及人员重量	最不利荷载布置	8.2kN
6	G_6	每榀吊篮及脚手板重量	按实际吊篮规格计算	0.4kN
7	G_7	吊篮内施工荷载	60cm 宽吊篮每米施工荷载 250×0.6	1.5kN
8	q_1	施工均布荷载	$\dfrac{G_5+G_2}{1.3}=\dfrac{8.20+2.0}{1.3}$	7.85kN/m
9	q_2	风荷载	《建筑结构荷载规范》（GB 50009—2012）	0.5kN/m

根据模型的简化与假定，得到三角架模型与荷载图，如图 3-28 所示。

（4）不同角度下斜撑安全性验算。根据相关规范及钢筋混凝土冷却塔施工过程中塔身倾斜度随高度的变化而变化的施工实际情况，通过查阅相关规范以及现场调研分析发现，通常三角架翻模系统中水平杆与竖杆之间的角度在 60°~110°之间。本书通过选取三个典型的安全性较低的角度进行安全分析，竖杆与水平杆所成角度分别为 60°、90°、110°。假定 90°角状态出现在塔身中上部，60°、110°角状态出现在塔身下部或上部的内外筒壁。

为满足施工需求，水平杆、脚手板始终保持水平状态，且上部荷载保持不变。水平杆与竖杆所成角度及斜撑长度随塔身标高及塔身半径的变化而变化。三角架简化计算模型如图 3-29 所示。

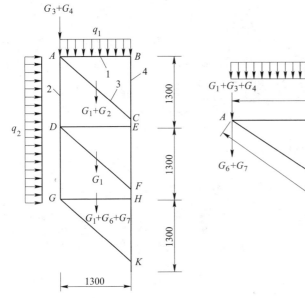

图 3-28 三角架模型与荷载图

1—水平杆；2—顶撑杆；

3—斜撑；4—竖杆

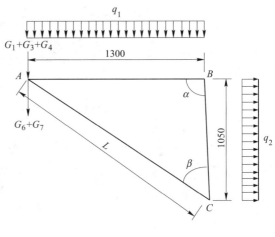

图 3-29 三角架简化计算模型

L—斜撑长度；α—水平杆与竖杆所成角度；

β—斜撑与竖杆所成角度

取 A 节点进行受力平衡分析，如图 3-30 所示。

斜撑选用∟50×50×5，其截面积 $S = 4.803\text{cm}^2$，惯性矩 $I = 11.21\text{cm}^4$，惯性半径 $i = 1.53\text{cm}$，计算得到长细比 λ。通过查阅《钢结构设计规范》（GB 50017—2003）得稳定系数 ψ。

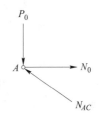

图 3-30 A 节点受力

分析图

验算斜撑稳定性，且满足式 $\sigma = \dfrac{N_{AC}}{S\psi} < [\sigma]$ 时，即认为斜撑满足稳定性要求，操作平台即处于安全状态。

（5）数值计算与模拟过程。根据前文的计算模型及模拟方法，对竖杆与水平杆所成角度分别为 60°、90°、110°下的操作平台进行安全分析，计算过程及结果见表 3-5。

表 3-5 数值计算过程及结果

角度状态	计算模型简图	长细比 λ	稳定系数 ψ	$\sigma/\text{N}\cdot\text{mm}^{-2}$
角度为 60°	q_1；$G_1+G_3+G_4$；1300；A；B；60°；G_6+G_7；1195；70°；1050；q_2；C	78.10	0.700	28.40
角度为 90°	q_1；$G_1+G_3+G_4$；1300；A；B；G_6+G_7；1672；1050；51°；q_2；C	109.3	0.491	49.27
角度为 110°	q_1；$G_1+G_2+G_3+G_4$；1300；A；B；31°；110°；G_6+G_7；1930；1050；39°；q_2；C	126.10	0.406	72.82

根据计算结果可知,斜撑长细比、应力值均在允许范围内,结果表明在正常施工状态下,操作平台在角度60°~110°之间处于安全状态。

基于ABAQUS数值模拟软件,建立三角架模型,完成材料属性和截面属性的定义。进行有限元模拟的主要目的在于判断斜撑的变形程度,与数值计算进行对比,验证数值计算方法的合理性,并分析三角架的安全性。

根据数值模拟流程及方法,当竖杆与水平杆所成角度分别为60°、90°、110°时,对三角架进行基于ABAQUS的数值模拟,三角架模型即模拟分析结果见表3-6。

表3-6 三角架模型即模拟结果

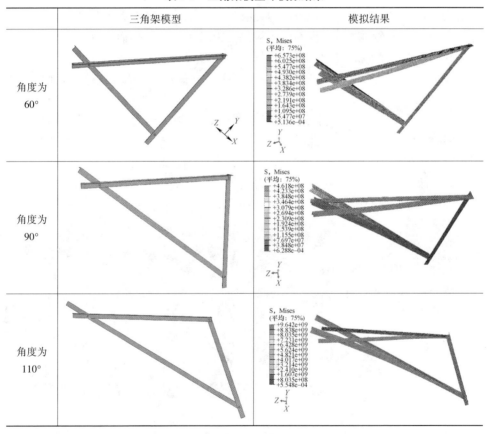

三角架模型	模拟结果
角度为60°	
角度为90°	
角度为110°	

根据数值模拟云图,斜撑发生了较大的变形,且随着角度的增大,变形程度也逐渐增大,三角架的安全性也逐步降低,操作平台也逐渐呈现为不安全状态。力学计算和数值模拟结果表明三角架翻模系统在结构上处于安全状态。但是需要加强安全管理与控制。该方法可以满足施工验算的需要,确保在施工中安全验算的简单有效性以及可操作性。

4 高耸构筑物施工安全监测与预警

4.1 高耸构筑物施工安全监测概述

高耸构筑物施工需要通过吊装、滑移、提升等施工技术从局部到整体、从一系列子结构到最终形成整体结构。在这个过程中，结构受力、变形等情况和设计使用状态有很大的差别，其承载能力也有很大局限性。且在施工过程中，结构很可能因失去平衡而倾覆，也极易由于局部受力过大或者损伤而破坏，甚至由于失稳而倒塌，以致最后的成型状态与设计状态相差较大。因此要选择合理的施工方法和施工顺序，配合必要的施工安全监测系统，保证结构施工过程的合理、准确、安全。

施工监测（图 4-1）是指通过技术监测手段对施工过程的主要结构参数进行实时跟踪，掌握其时程变化曲线，以便掌握控制施工质量、影响施工安全的关键因素在施工过程中的发展变化状态，及时发现并掌握施工过程偏离安全状态、接近安全事故的程度，达到结构安全预警目的，并根据警级对下一步施工方案进行预判和调整，以保证整个施工过程的顺利完成。

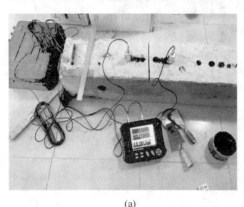

(a)   (b)

图 4-1 施工监测

（a）抗压回弹法混凝土强度检测；（b）大型混凝土施工监测

4.1.1 施工安全监测内容

高耸构筑物由于施工工艺难度较大、环境复杂，需要紧跟施工进程开展施工安全监测，以保证相关数据具有实时性和可靠性。监测项目一般包括构件的应力、位移以及温度等，其监测结果是对施工过程结构力学状态动态变化的真实反映。高耸构筑物施工过程中进行施工安全监测的主要目的有以下几方面：

（1）为保障高耸构筑物施工安全性提供有力的数据支撑，特别是当施工方案或施工条件发生变化时，通过监测数据能反映结构的实时状态。

（2）通过对监测结果进行分析，及时对结构的安全性进行初步判断，针对可能出现的安全隐患做好提前预警工作，并制定出相应的应急措施以弥补设计、施工中存在的问题。

（3）高耸构筑物建造完成之后，监测数据作为施工期间的原始数据，为结构以后使用阶段的安全性评价提供必要的依据。

因此，需要在施工过程中对高耸构筑物进行健康监测应力、位移、施工环境、振动监测，监测结构关键部位的应力、位移等指标在施工阶段的变化规律，为结构施工的各个阶段提供准确可靠的监测数据，正确评价各施工阶段的受力状态和结构性能，并及时诊断结构构件施工过程中出现的破坏、变形过大、局部出现塑性区等异常情况，及时采取有效的修复手段，避免安全隐患，从而保证构件符合正常使用条件下的设计要求。

施工安全监测工作主要针对位移、应力和温度三方面，其内容的合理性决定了安全监测结果的可靠性。本节结合高耸构筑物施工的自身特点、施工环境、监测系统等，为反映监测项目功能目标的要求，将监测项目分为环境监测、整体结构性能监测、局部结构性能监测三部分解析，如表4-1所示。

表4-1 施工安全监测内容

序号	项目	内　　容
1	环境监测	①结构所处位置的风速、风向监测：风速与风向对结构的受力状况有很大的影响，根据实测获得的结构不同部位的风场特性，为监测系统的在线或离线分析提供准确的风载信息； ②温度监测：温度监测包括结构温度场和结构各部分的温度监测。通过对温度的监测，一方面可为设计中温度影响的计算提供原始依据，另一方面还可对结构在实际温度作用下的安全性进行评价； ③荷载监测：主要对施工荷载的大小、类型以及分布进行监测，与设计荷载规范对比分析，避免出现荷载超限； ④其他监测：如对需要抗震设防的结构进行地震荷载监测，为震后响应分析积累资料；有害气体的监测
2	整体结构性能监测	①结构几何线形监测：实际位置的变化与设计位置的偏离程度是衡量结构安全性状况的重要标志。通常以监测整体结构及各重要部位的挠度和转角、支座变位、基础沉降、倾斜度等来控制； ②静力响应监测：监测主要塔身在各荷载及温度、不均匀沉降等作用下的响应情况，包括结构应力等监测

序号	项目	内　　容
3	局部结构性能监测	①耐久性监测：利用现代无损检测技术对结构所用的材料，如混凝土等的强度及损伤、病害等情况进行检测； ②附属设施监测：如支座、照明设备等监测

高耸构筑物施工安全动态监测的关键在于能否准确获得结构状态信息，这就需要正确选择监测位置。考虑到结构投影面积较大的实际情况和经济条件等因素，施工期间的监测只能获得结构很少部位的监测信息，这就对监测数据的有效性提出了很高的要求。另外，监测活动宜尽量侧重结构安全影响大的构件。

4.1.2 施工安全监测原则

施工监测工作是一项系统工程，监测工作的成败与监测方案的制定、监测方法的选取以及测点的布设直接相关。监测系统的设计原则可归纳为以下 7 条。

（1）科学性。施工安全监测涉及学科较多，安全问题较为复杂，所以在系统构建时应基于定性与定量结合的思路，进行充分的问题剖析、理论辨析、技术分析、成本分析、运行协调性分析等研究论证工作，这需要其各项构建工作具有科学合理性，方能保证施工安全监测系统的功能得以良好的实现。高耸构筑物施工安全监测系统应依据现行标准规范、现有技术手段、已有研究成果、实际工程应用进行构建。

（2）系统性。施工安全监测系统的工作各有功能侧重，但整个系统功能的实现则有赖于各项工作的协调紧密配合，各项工作与工作之间的衔接需要统筹兼顾的理念进行设计，良好的系统性将直接获得更好的管理效率与预警效果。

（3）可操作性。可操作性强的工作有利于发挥人的主观能动性与工作效率，从而可整体提升施工安全预警系统的实用性与运行效率，也有利于其推广和应用。因此，施工安全监测系统的构建，应充分考虑各项工作的可操作性，应有具体详实的操作方案与相应的资源清单，而非宏观片面的理念描述。

（4）信息化。结合高耸构筑物的施工特点与安全事故致因机理，施工安全监测系统的功能实现要求其具有协同性与高效性，而影响高效性最主要的因素则是施工安全监测系统的信息化，现代信息技术大幅度提升了信息存储、传递、处理、分析、可视化的能力，为施工安全预警系统的高效运行提供了强有力的技术支撑。

（5）可靠性。施工安全监测系统应具有良好的稳定可靠性，主要包括动态监测、预测诊断模型、警报情决策、信息化等技术的可靠性，各项工作可靠性的保证则能够防止系统无法正常工作、输出结果错误、突发状况下影响失效的问题。

（6）经济性。由于不同建设工程中高耸构筑物的规模、施工难度、施工条件及工况均不一致，并非所有的工程均应采用同样的监测技术与设备，所以施工安全监测系统在构建时，应在确保实现安全监测功能的条件下，从经济性角度选择适用的人力、方法、仪器、设备等。

（7）创新性。施工安全监测系统的目的是防止安全事故的发生，在大量工程实践下虽然已积累了较为丰富的相关经验，但在工程发展、工艺发展、施工环境不断变化的过程中，还会出现新的安全风险、安全影响因素以及新的事故发生过程，同时，各涉及学科的理论与技术也在不断发展，因此，施工安全监测系统应具有持续的创新性与更新机制，以确保其功能与时俱进，具有良好的适用性。

4.1.3 施工安全监测步骤

高耸构筑物施工结构安全监测是个动态变化的复杂过程，因此需要根据结构特点、监测目的，制定施工过程结构安全监测方案，实时监测、实时分析，及时做出反应。结构安全监测的实施步骤如图 4-2 所示。

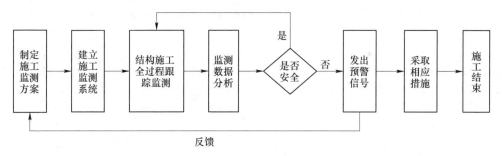

图 4-2　施工安全监测实施步骤

（1）制定高耸构筑物施工结构安全监测方案。施工结构安全监测方案主要包括施工监测的目标、内容、方法、频次，以及监测管理体系的建立与运作等。施工结构安全监测方案是项目施工安全监测的指导方针，是监测顺利实施的基础。

（2）建立高耸构筑物施工结构安全动态监测系统。施工结构安全监测系统由传感器子系统、数据采集和传输子系统、数据管理和分析子系统组成。其中，传感器子系统的功能是获得结构的环境温度和荷载作用下结构的响应信息。数据采集和传输子系统的功能是收集施工过程中监测所得的数据，并将其传输到数据管理和分析子系统。数据管理和分析子系统的功能是分析处理得到的监测数据，并做出相应的调整措施。

（3）施工全过程跟踪监测。高耸构筑物施工全过程跟踪监测的主要任务是监测结构施工过程中控制参数的发展变化趋势，并将其记录以备数据管理和分析子系统分析。

（4）监测数据分析。将监测得到的数据进行整理、分析，得到施工阶段的结构受力和变形状态，发出预警信号，同时作为反馈信息以补充完善施工监测方案。

（5）结构安全状态判别。根据监测结果判别当前结构安全状态，指导结构施工的后续工作，从而保证结构安全和准确实现设计位形。

4.1.4 施工安全监测系统

高耸构筑物施工安全监测系统是高耸构筑物施工结构安全控制体系的一个重要组成部分，施工安全监测系统应充分考虑结构形式、截面尺寸、设计标准、施工组织等因素。无论是何种结构形式的安全监测，监测系统中均需包括结构设计参数、几何状态、应力状态、动力特性、施工温度以及施工环境等监测内容。利用动态的施工安全监测系统跟踪施工过程中各参数的变化情况，可以保证结构按设计要求施工，确保施工在正常环境中进行，及时发现施工过程中出现超出设计范围的参数，避免施工过程中出现质量事故和安全事故，如图4-3所示。

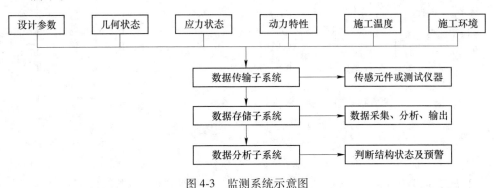

图4-3 监测系统示意图

高耸构筑物施工安全监测系统应由数据传输子系统、数据存储子系统、数据分析子系统组成，各子系统的工作状态如图4-4所示。

（1）数据传输子系统。数据传输子系统是根据不同的监测变量，选用不同的传感器组成的测量子系统。根据监测内容，在监测部位布设传感器，利用传感器及传输线路将被测结构的非电量参数转换成放大的便于记录的电信号，并传输到系统内。

（2）数据存储子系统。数据存储子系统主要由集线器、读数仪和计算机组

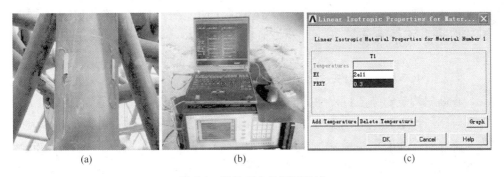

图 4-4　结构安全监测子系统

（a）数据传输子系统；（b）数据存储子系统；（c）数据分析子系统

成，主要功能是采集传感器传来的信息，通过有线或者无线传输到数据采集仪，然后对模拟信号进行调制、处理，转换为数字信号，存储到系统内。

（3）数据分析子系统。数据分析子系统的主要功能是处理、分析传输来的数字信号，得到所需要的监测数据图、表，并用数据库进行存储和管理数据，预测在既定施工方案下可能出现的危险情况，以便适时做出方案调整，以保证结构施工的安全进行。

4.2　高耸构筑物施工安全监测方案

4.2.1　施工安全监测位置

针对高耸构筑物施工工艺、施工特点及结构特性，将其重点施工技术分为主体结构、操作平台、垂直运输三部分，且此三项技术并非各自独立实施，而是相互关联、互为依托的有机技术系统，如图4-5所示。这三部分的施工关键技术也是确保高耸构筑物施工安全的重要支撑，为保证高耸构筑物施工安全，实时高效的施工安全监测必不可少，本节以施工过程中的主体结构、操作平台、垂直运输三项关键技术为主，分别阐述各部分施工

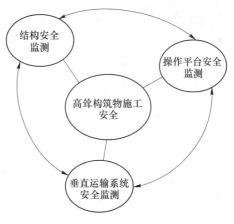

图 4-5　高耸构筑物施工安全监测作用关系

监测的重点位置，以提出相应的安全控制方法与措施。

高耸构筑物施工安全动态监测的关键在于能否准确获得结构状态信息，这就需要正确选择监测位置。考虑到结构投影面积较大的实际情况和经济条件等

因素，施工期间的监测只能获得结构很少部位的监测信息，这就对监测数据的有效性提出了很高的要求。另外，监测活动宜尽量侧重结构安全影响大的构件。

4.2.1.1 主体结构安全监测

在高耸构筑物施工过程中，模板系统、动力提升装置、垂直运输系统、支撑体系等一般均附着于主体结构之上，主体结构也因此承担了大部分施工荷载，成为施工安全检测的重要环节。因此，首先对高耸构筑物施工过程中主体结构的施工安全监测技术做初步介绍。

A 钢筋混凝土结构特性监测

（1）结构变形监测。高耸构筑物主体结构在施工过程中受到诸多不确定因素的影响，极易发生变形，且当采用不同的施工工艺时，结构变形往往也存在较大差异。主体结构平面位置、标高、尺寸等极有可能因结构变形出现超出结构设计以及相关规范变形允许的情况。因此，必须对施工中的标高、垂直度、水平宽度等进行结构变形监测。

（2）结构内力监测。结构内力控制是主体结构施工控制中的关键环节。下部混凝土结构的拉压应力在上部持续施工过程中发生着较大的变化，往往会超出结构自身抵抗限值，导致主体结构产生裂缝，内部钢筋提前屈服，最终可能导致结构破坏。在对结构构件进行内力测量时，往往需要使用特殊仪器，如应力检测仪，才能得到结构构件实际的内力情况。

（3）结构稳定性监测。当作用在结构上的外力增加到某一界限值时，结构原有的稳定性被打破，若此时结构的边界条件稍有变化，结构发生失稳，导致丧失正常工作能力的现象，这种现象称为结构失稳。结构强度、刚度以及结构稳定性是描述结构安全状态的三要素，实现对三者的实时监测，对于施工过程中结构安全的有效控制具有重要意义。

B 高耸构筑物施工时变性监测

高耸构筑物施工过程是一个复杂的结构系统渐变过程，其结构体系从无到有、从小到大、从简单到复杂、从局部到整体，经历了一系列巨大变化，表现出很强的时变特性，主要包括边界条件时变、荷载时变、材料性质时变、几何构形及体系时变和结构刚度时变等。各种时变特性在不同结构施工段中的具体表现也不相同。影响结构安全的主要时变特性是材料性质时变、几何构形及体系时变和结构刚度时变。

高耸构筑物施工中的材料时变主要是指混凝土收缩徐变。这种时变是由混凝土材料本身性质决定的，其施工过程中的强度、弹性模量以及收缩徐变都随着时间的发展而不断变化。在高耸构筑物施工中，混凝土浇筑都是分层、分段、分时逐步进行的，在下一节混凝土浇筑的时候，前一节混凝土还未完全达到强度标准值，从而形成一个由不同物理特性且不断变化的材料组成的过程结构，表现出强烈的材料时变特性。

通过对高耸构筑物的施工时变性监测可以分析出结构安全的控制包括对材料、结构形状及结构刚度的控制。

同时，本书结合相关文献、规范、设计标准、施工方案等，分析高耸构筑物施工中主体结构安全监测的主要内容，如表4-2所示。

表4-2 主体结构安全监测主要内容

序号	监 测 项 目		
1	材料	混凝土	混凝土和易性
2			外观质量
3			混凝土强度等级
4		钢筋	钢筋质量等级
5			钢筋绑扎的变形、缺扣、松扣
6		模板	模板质量等级
7	偏差	模板偏差	截面尺寸偏差
8			模板接缝宽度
9			内外侧模板距离偏差
10		混凝土构件偏差	截面厚度偏差（壁厚偏差）
11			表面平整度偏差
12			人孔洞口偏差
13		钢筋偏差	主筋间距偏差
14			箍筋间距偏差
15			主筋保护层偏差
16			主筋长度偏差
17			钢筋直径偏差
18		塔身整体偏差	中心垂直偏差
19			半径偏差
20			标高偏差

续表 4-2

序号	监 测 项 目	
21		大体积混凝土浇筑
22		浇筑与振捣
23	施工工艺	后浇带留设
24		新旧浇筑面处理
25		冬季施工

4.2.1.2　操作平台安全监测

高耸构筑物操作平台多为杆件体系或绳索悬挂体系，施工过程中冷却塔壳体结构同施工操作平台杆件结构及绳索体系形成一个整体，共同工作。通过现场调研及相关文献分析，高耸构筑物操作平台主要有悬挂脚手架施工法、预制吊装施工法、滑膜施工法等，其中使用悬挂三角架翻模技术的施工可达到 80%，因此本书主要研究基于悬挂三角架翻模操作平台的安全监测。

A　基于操作平台自身安全的监测内容

根据冷却塔施工现场调研以及三角架翻模系统的结构特性，分析得到三角架翻模系统的安全风险来源于几个方面：

（1）连接方式。翻模的施工工艺要求三角架具有可拆卸性，所以杆件之间的连接只能选择螺栓连接或者绑扎连接方式。但这种连接方式使杆件之间存在活动空间，这便使得操作平台存在较大的安全隐患，也就成为安全监测的主要内容。

（2）材料选择。三角架翻模施工过程中，需要利用人力将下一层的架体、脚手板等提升到上一层，所以架体、脚手板等的重量不能超过人力运输极限，于是架体的截面大小便会有所限制，其刚度、强度会降低。这将直接影响着操作平台体系的整体安全性，因此操作平台材料类型、截面形式与尺寸的确定是操作平台安全监测的主要内容。

（3）架体形状。操作平台的竖杆、水平杆及斜撑的连接形状决定了荷载的传力路径。荷载的传力路径影响作用在某一杆件上的荷载的大小以及杆件稳定性。其中影响操作平台安全稳定性的重要因素便是斜撑的长度、斜撑与竖杆所成角度以及斜撑与水平杆所成角度。

根据上述分析结果以及现场调研，得到高耸构筑物施工操作平台安全监测内容，如表 4-3 所示。

表 4-3 操作平台安全监测内容

序号	项目	监 测 内 容
1		三角架架体材料
2		三角架架体材料强度等级
3		走道板材料
4		对拉螺栓截面积
5		对拉螺栓质量等级
6		顶撑质量等级
7	材料	水平连杆质量等级
8		安全网质量
9		操作架刚度
10		提升机强度
11		滚轮质量等级
12		辐射梁、鼓圈刚度
13		钢丝绳索质量等级
14		螺栓连接
15	连接方式	焊接
16		绑扎
17		斜撑接入长度
18	架体形状	斜撑与竖杆的角度
19		斜撑与水平杆的角度

B 操作平台关键节点安全监测

在高耸构筑物施工之前，需要完成模板的配置以及操作平台的选择。不同施工高度下，塔身半径、壁厚、塔身倾斜角度而导致操作平台竖向形状发生改变，因此，选择操作平台构件类型需要进行安全计算。但是在实际施工中往往直接采用所选操作平台材料与形式，并未进行关键节点的受力及变形逐一计算，这使得操作平台安全处于不可控状态，是施工过程中的重大安全隐患。

C 操作平台质量安全监测

根据操作平台的工作原理分析可得，高耸构筑物中操作平台的安全性主要在于材料质量、安装质量与提升过程，因此操作平台的质量安全监测也应从这三部分开展。

（1）操作平台材料质量安全监测。操作平台材料质量的控制存在于时间上的"一个节点"与"一个持续"。一个节点，即材料入场时的节点，对材料质量进行严格的检查与记录。一个持续，即在施工过程中持续对操作平台材料质量进行跟踪控制。

"一个节点"处需确定材料质量的控制已严格遵守材料采购书与相关规范的要求，并且采取相应的管理措施。但是"一个持续"需要在施工过程中对操作平台材料质量实时把控，这需要在每个工序进行前与进行中对材料质量进行持续监测。

（2）操作平台安装质量监测。为保证操作平台的安全质量，应对操作平台安装过程进行安装质量监测，确保其遵循相关控制原则，严把安装质量关，如图4-6所示。

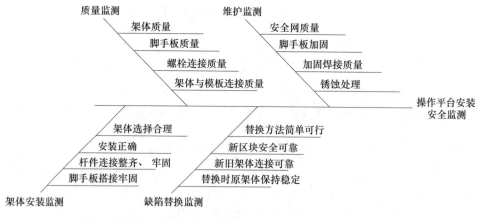

图4-6 操作平台安装安全监测

（3）操作平台提升过程安全监测。操作平台的提升阶段是危险性最高的时期，在此时由于主体结构未完全达到最终承载力，而且操作平台有效支撑减少，因此操作平台在提升过程中应予以重点监测。

根据前文的安全控制内容分析与关键节点验算得出操作平台提升过程要点如下：

1）提升时间控制。

①结构强度的控制：要求各层混凝土强度全部达到要求后再进行提升；

②提升速度的控制：提升速度应保证架体稳定。

2）整体性控制。

①需要整体提升的操作平台严格控制其提升过程水平度；

②保持提升装置协同一致工作；

③上一层操作平台安装过程应不破坏下一层操作平台的整体性。

3）突变节点验算。在操作平台提升过程中，遇到结构半径或结构形式突变的部位，需要对操作平台进行安全验算。

①塔身半径或倾斜度发生变化的位置；

②筒壁厚度发生变化的部位；

③结构形式或强度突变的位置。

4.2.1.3 垂直运输安全监测

在高耸构筑物施工过程中，近乎所有的物料、人员均需通过垂直运输系统完成。垂直运输系统在其中起到了关键的作用，但是作为一种临时性的运输方式，垂直运输设备在使用中存在着许多危险因素，因此本节通过对垂直运输设备进行安全控制内容分析，提出安全控制方法。

A 垂直运输系统安全控制内容分析

根据前文的叙述，高耸构筑物施工中通常使用的垂直运输设备为塔式起重机、液压顶升平桥、施工电梯。

通过文献分析与高耸构筑物项目调研分析，得出垂直运输系统安全控制内容，如表4-4所示。主要参考依据为《施工升降机》（GB 10054—2005）、《施工升降机安全规程》（GB 10055—2007）、《施工升降机安全使用规程》（GB/T 34023—2017）、《塔式起重机》（GB/T 5031—2008）、《塔式起重机安全规程》（GB 5144—2007）。

表4-4 垂直运输系统安全监测内容

序号	控 制 项 目	
1	主要部件	结构件材料质量等级
2		螺栓拧紧力矩
3		结构件外观质量
4		焊缝质量
5		小车变幅、运行机构
6		回转机构
7		吊钩
8	传动系统	钢丝绳质量等级
9		滑轮转动情况
10		制动器
11		齿轮齿条啮合
12	安全系统	防坠安全器
13		安全钩
14		限位器
15		紧急开关
16		缓冲器
17		起重力矩限制器
18		防风、抗滑装置
19		超重保护装置

序号	控　制　项　目	
20	安装	导轨架垂直度
21		塔式起重机垂直偏差
22		施工电梯架体垂直偏差
23		与构筑物结构连接
24	运行	额定载重量
25		垂直度测定

　　垂直运输设备在入场之前，由施工单位完成选购，其自身构件在设计之初已经得到满足，在使用中考虑较少。但是设备运行的安全性在使用过程中受环境及运行情况的影响，因此这将是垂直运输系统安全控制的主要内容。

　　B　垂直运输系统稳定性控制

　　高耸构筑物施工过程中，随着塔身施工高度的增加，垂直运输设备的高度不断升高，这使得垂直运输的危险性增大。因此必须对其进行使用安全验算。其中受高度变化影响最大的是塔式起重机，而且在高耸构筑物施工中往往选用的塔式起重机起重吨位较大，如 M2400 型塔式起重机起重量可达 100t。

　　垂直运输系统的安全性在设备构件得到安全维护的状态下，其安装和使用的安全主要通过稳定性的控制来保证。在调研中发现，大多数高耸构筑物施工所采用的塔式起重机为上旋转固定式，因此本书针对此类塔机的拆装过程、非工作状态、工作状态下的稳定性进行研究，以确保塔机满足稳定性要求。

　　(1) 塔机拆装稳定性控制。塔式起重机的安装顺序为先安装塔身与平衡重，后安装起重臂；拆卸顺序为先拆除起重臂，后拆除塔身与平衡重。因此，在拆装过程中机座已倾斜，易发生塔身后倾。塔机拆装稳定性控制模型见表 4-5。

表 4-5　塔机拆装稳定性控制模型

模型公式	模型简图
$G_1 c \geqslant F_w h$ 式中　G_1——塔机部分自重，kN； 　　　c——机身重心距倾翻侧的距离，m； 　　　F_w——安装状态最大风力，kN； 　　　h——风力作用点的高度，m。	

（2）非工作状态下塔机稳定性控制。在非工作状态下，塔式起重机不受人为控制，极易发生不可控安全事故，因此这一状态下的稳定性验算必须进行。假设塔机在非工作状态下存在制动器开启或关闭两种情况，制动器开启即认为塔机无法自由回转，若此时风载与起重臂方向相反，则认为是最不利工况。制动器关闭即认为塔机可以自由回转，此时若风载与起重臂同向，则认为是最不利工况。非工作状态下塔机稳定性控制模型见表4-6。

表4-6 非工作状态下塔机稳定性控制模型

工况	模型公式	模型简图
制动器开启	$Gd-1.3F_w h'>0$ 式中　G——塔机自重，kN； 　　　d——塔机重心距倾翻侧的距离，m； 　　　h'——风力作用点的高度，m。	
制动器关闭	$Ge-1.2F_w h'>0$ 式中　G——塔机自重，kN； 　　　e——塔机重心距倾翻侧的距离，m； 　　　h'——风力作用点的高度，m。	

（3）突然卸载状态下的塔机稳定性控制。塔式起重机在突然卸载或吊具突然脱落时，结构产生振动，起重臂端部产生向上的弹力，塔式起重机在该力的作用下会向后方倾覆。突然卸载状态下的稳定性控制模型见表4-7。

C　垂直运输系统安全控制措施

垂直运输系统在使用过程中极易受到强风、地基沉降等因素的影响，致使设备发生倾斜，甚至倾覆事故发生。根据垂直运输系统安全控制内容，垂直运输系统的部分控制内容可以在选型之前得到控制，但是在安装与运行中确实较难控制。

表 4-7 突然卸载状态下稳定性控制模型

模型公式	模型简图
$Gd-0.2F_Q(R_{max}+b)-F_wh'>0$ 式中 R_{max}——最大工作幅度，m； $\quad\quad F_Q$——起升载荷，kN； $\quad\quad b$——塔机回转中心距倾翻侧距离，m。	

前文的垂直运输系统安全验算可以提供垂直运输设备在短时间内的稳定性理论基础。但是长时间的施工中，垂直运输设备的使用环境与性能在不断变化，部分因素会发生改变。因此，为使垂直运输系统在安装与运行过程中处于安全状态，现场需要采取一些有效的控制方法。

高耸构筑物施工中垂直运输系统的运输高度要远大于常规建筑施工作业中垂直运输系统的高度，细微的垂直偏差都将导致垂直运输设备的倾斜或倾覆。因此，本书针对高耸构筑物施工中垂直运输系统的垂直偏差提出安全控制方法。

a 设置专项监测系统

垂直运输系统专项监测系统包含专项制度、专项监测方案、专项措施三部分。

其中专项制度作为专项监测系统的基础，垂直运输系统在高耸构筑物施工环节属于一项相对独立的系统，其运行方式以及危险因素也与结构安全、操作平台安全有明显的差异。因此对于垂直运输系统需要建立新的专项制度。

该专项制度首先形成以项目经理为负责人、安全员为直接执行者的专项系统控制中心。设有专人进行监测。专项制度应当满足以下几个条件：

（1）专人专责，安排特定的人员负责某一项工作；

（2）控制中心应起到决策与安全管理的作用；

（3）监测方案应合理，并通过控制中心的认可；

（4）监测人员具备相应资质并且能分辨险情；

（5）专项措施设置合理。

b 制定专项监测方案

（1）监测内容。研究现状显示，大部分学者都关注于垂直运输系统的安全装置与智能监控的研究。但是对导致垂直运输系统安全事故发生的直接原因却关注较少。由于智能检测系统的监测内容有限，故本书在引进智能监控系统的同时关注其与现场人工监测的结合。

根据垂直运输系统安全控制内容及现场需求，得出专项监测方案的监测内容如表 4-8 所示。

表 4-8 主要监测内容

序号	监测内容	序号	监测内容
1	塔式起重机垂直偏差	4	施工电梯垂直偏差
2	塔式起重机基础沉降	5	导轨架倾斜度
3	现场实时风速	6	安全装置报警情况

（2）监测点布置。垂直运输系统安全控制监测点的选取应该具有一定的代表性、科学性，即监测点能够直观、正确地反映出垂直运输系统的状态变化，同时监测点应该处于便于安放监测参照物以及后期观测的位置。

在布置监测点的同时，正确选择监测仪器也很关键。观测仪器不仅需满足测量精度要求，同时应该操作简单，在较短的时间内得出结果，这样便可较早地把控垂直运输系统的安全状态。

高耸构筑物垂直运输系统监测基本原理、测点布置图，如图 4-7 所示。

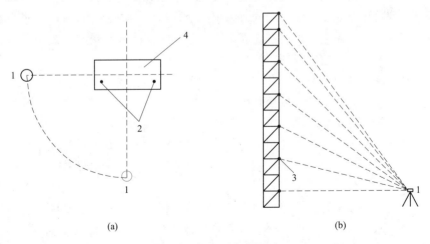

图 4-7 仪器测点布置图

（a）仪器、测点布置平面图；（b）仪器、测点布置侧面图

1—仪器；2—沉降测点；3—竖向测点；4—垂直运输设备基座

（3）监测方案。垂直运输系统监测方案应根据监测内容进行设计，并且严

格遵循现行测量规范的要求。根据现场情况设定多套监测方案以满足不同施工进程与环境下的垂直运输系统监测。监测方案是多重因素结合的产物，在设计方案之初应该充分考虑监测内容与监测点的布置，并根据需要在施工阶段进行不断的调整。同时，及时、准确地处理监测数据。在实时监测的情况下将监测数据进行迅速处理，并反馈给专项系统控制中，并做出相应的决策。

　　c　专项措施

　　根据监测数据的结果判断垂直运输系统的安全性，若出现异常措施，则迅速采取专项措施，如基础原位加固或新建基础将垂直运输设备重新搭设、缺陷架体替换、添加附着式支撑、架体整体纠偏、安全装置更换等措施。为确保安全，专项措施必须在垂直运输系统暂停运行的情况下进行。

　　综上，高耸构筑物施工安全监测位置主要包括最大位移的位置或构件、控制或能推算结构几何状况变化的位置、最大应力变化的位置或构件、最大应力分布的位置或构件、环境和荷载对结构的应力或位移有较大影响的位置、应力集中而且能够明确测量的位置或构件、对受力方式可能产生影响的位置、可对总体温度进行监控的位置、外部风力荷载主要监控点等。

4.2.2　施工安全监测仪器

　　(1) 远程无线监测系统。远程无线监测系统由终端设备、基站和互联网、数据采集处理中心和客户端 4 部分组成，终端设备主要由前端传感器、无线传输模块及自动采集箱组成。前端传感器、自动采集箱和供电设备组成现场数据自动采集系统，通过无线传输模块接入 Internet 无线公网，与接入 Internet 网进行监控的上位计算机进行通信，再通过计算机采集软件，实现对现场自动采集系统的远程控制、设置和实时数据采集，如图 4-8 所示。

　　远程无线监测的设备主要有数据采集设备、数据收集发送设备、数据分析软件和传感器。数据采集设备可控制传感器按指定的时间自动进行测量，并在传感器中保存数据。需要数据时，主机与数据采集设备相连即可获得；无线传输模块与自动采集设备配合，在移动网络覆盖的地方，利用 GPRS 方式进行采集控制和数据传输，实现数据的传输与控制。该系统可在接入 Internet 公网的计算机上进行实时数据采集和远程监控；数据采集软件可对设定的某一时间段传感器保存的数据进行查询，可实时监控或自动采集，并可进行报警设置；前端传感器包括位移计、应变计、单点沉降计、分层沉降计以及土压力盒等，可采集需要的数据，并将数据采集处理器与前端传感器通过总线连接，在总线一端加装数据采集设备，可控制传感器按设定时间自动测量和自动保存数据。

　　(2) 水准仪，其适用范围为：

　　1) 浅埋地面和基坑围护结构及支撑立柱的沉降。

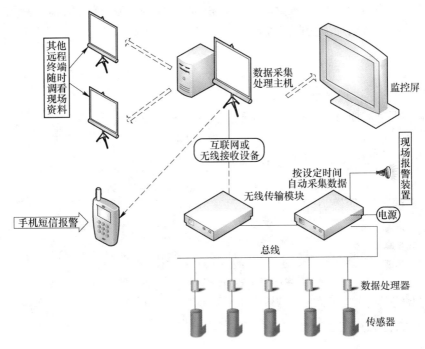

图 4-8 远程无线监测系统

2) 地表管线的沉降。

3) 周围建筑物、构筑物及周围地表沉降。

4) 分层沉降管管口的沉降。

(3) 经纬仪，其适用范围为：

1) 浅埋地表和基坑围护结构及支撑系统的水平位移。

2) 道路、管线的水平位移。

3) 地下工程施工引起的周围建筑物的水平位移和倾斜。

4) 测斜管管口的水平位移。

(4) 多点位移计，其适用范围为：

1) 长期埋设在水工结构物或土坝、土堤、边坡、隧道等结构物内（位移计组 3~6 支）；

2) 测量结构物深层多部位的位移、沉降、应变、滑移等，可兼测钻孔位置的温度。

(5) 测斜仪，其适用范围为：

1) 有效且精确地测量土体内部水平位移或变形。

2) 测临时或永久性地下结构（如桩、连续墙、沉井等）的水平位移。

3) 通过变化，计算水平位移。

（6）收敛计，是用于测量两点之间相对距离的一种便携式仪器，是用于测量和监控暗挖隧道周边变形的主要仪器。

4.2.3　施工安全监测方法

4.2.3.1　结构变形监测方法

应根据监测项目的特点、精度要求、变形速率以及监测体的安全性等指标，选择结构变形监测方法，可选用一种方法，也可选用多种方法结合进行监测，监测方法根据监测类别的不同选用，如表4-9所示。

表4-9　结构变形监测方法

类　别	监　测　方　法
水平位移监测	三角形网、极坐标法、前方交会法、GPS测量法、正倒垂线法、视准线法、引张线法、激光准直法、精密测距法、伸缩仪法、多点位移法、倾斜仪法等
垂直位移监测	水准测量法、液体静力水准测量法、电磁波测距法、三角高程测量法等
三维位移监测	全站仪自动跟踪测量法、卫星实时定位测量（GPS-RTK）法、摄影测量法等
其他监测	投点法、差异沉降法、电垂直梁法等

以下介绍几种常用的监测方法：

（1）视准线法。在与建（构）筑物水平位移方向相垂直的方向上设立两个基准点，构成一条基准线，基准线一般通过或靠近被监测的建（构）筑物。在建（构）筑物上设立若干变形观测点，使其大致位于基准线上。如图4-9所示，A、B 为基准点，M_1、M_2、M_3 为变形点，用测距仪测定基准点至各变形点的距离。变形观测时，在基准点 A、B 上分别安置经纬仪和觇牌，经纬仪瞄准觇牌构成视准线，再瞄准横放于变形点上的尺子，读取变形点偏离视准线的距离（偏距）。从历次观测的偏距差中，可以计算水平位移的数值。

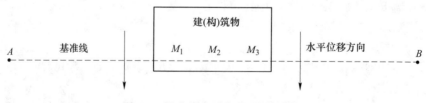

图4-9　视准线水平位移观测示意图

（2）前方交会法。在测定大型工程的水平位移时，可利用变形影响范围以外的控制点用前方交会法进行。

如图4-10所示，A、B 点为相互通视的控制点，P 为建筑上的位移观测点。仪器安置在 A 点，后视 B 点，前视 P 点，测得 $\angle BAP$ 的外角 $\alpha = （360° -$

α_1）；然后，仪器安置在 B 点，后视 A 点，前视 P 点，测得 β，通过内业计算求得 P 点坐标。

当 α、β 角值变化而 P 点坐标亦随之变化，再根据式（4-1）计算其位移量。

$$\delta = \sqrt{(x_2 - x_1)^2 + (y_2 - y_1)^2} \qquad (4\text{-}1)$$

（3）水准测量法。监测建筑物竖向位移就是在不受建筑物变形影响的部位设置水准基点或起测基点，并在建筑物上布设适当的垂直位移标点。然后定期根据水准基点或起测基点用水准测量测定垂直位移标点处的高程变化，经计算求得该点的垂直位移值。垂直

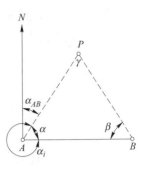

图 4-10　前方交会法水平
位移观测示意图

位移监测网可布设成闭合水准路线或附合水准路线，等级可划分为一等、二等。在高边坡、滑坡体处进行几何水准测量有困难时，可用全站仪测定三角高程的方法进行监测。

（4）液体静力水准测量法。该方法亦称为连通管法，它是利用连通管液压相等的原理，将起测基点和各垂直位移测点用连通管连接，注水后即可获得一条水平的水面线，量出水面线与起测基点的高差，计算出水面线的高程，然后依次量出各垂直位移测点与水面线的高差，即可求得各测点的高程。该次观测时测点高程与初测高程的差值即为该测点的累计垂直位移量。

（5）卫星实时定位测量（GPS-RTK）法。GPS-RTK 的原理是利用位于基准站上的 GPS 接收机观测的卫星数据，通过数据通信链实时发送出去，而位于附近的移动站 GPS 接收机在对卫星观测的同时，也接受来自基准站的电台信号，通过对所收到的信号进行实时处理，给出移动站的三维坐标，并估计其精度。

GPS-RTK 测量方法分为静态定位和动态定位两种，具体操作步骤如下：

1）静态定位：认为接收机的天线在整个观测工作中是固定不变的，静态定位一般用于高精度的测量定位，多台接收机在不同的测站上，进行测量同步观测。

①架设仪器，开机等待连接卫星；

②根据要求选择观测时段，确定两端有已知点搭接后，开始进行测量；

③通过测量软件进行计算。

2）动态定位：认为接收机的天线在整个观测工作中是变化的，根据周围的点显著运动的方法测定 GPS 信号机的瞬时位置。

①设置基站，确保路线正确；

②踩点，同坐标进行匹配；

③建立坐标系，开始测量。

（6）投点法。测量建筑的倾斜度，如图 4-11 所示，步骤如下：

1）确定屋顶明显 A' 点，先用长钢尺测得楼房的高度 h；

2）在点 A' 所在的两墙面底 BA、DA 延长线上，距离房子大约 $1.5h$ 远的地方，分别定点 M、N；

3）在点 M、N 上分别架设全站仪，照准点 A'，将其投影到水平面上，设其为 A''；

4）测量 A'' 到墙角点 A 的距离 k 及在 BA、DA 延长线的位移分量 Δx、Δy。

由此可计算出倾斜方向

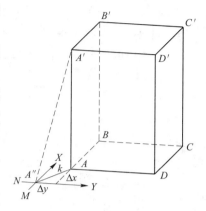

图 4-11 投点法倾斜监测示意图

$$\alpha = \arctan \frac{\Delta y}{\Delta x} \tag{4-2}$$

倾斜度

$$i = \frac{k}{h} \tag{4-3}$$

4.2.3.2 施工场地环境监测方法

场地环境监测可分为温度监测、荷载监测、风速风向监测和其他监测。

温度监测包括结构温度场和结构各部分的温度监测。通过对温度的监测，一方面可为设计中温度影响的计算提供原始依据，另一方面还可对结构在实际温度作用下的安全性进行评价。温度监测可采用水银温度计、接触式温度传感器、热敏电阻温度传感器或红外测温仪进行，测量精度不应低于 $0.5℃$。

荷载监测：主要对施工荷载的大小、类型以及分布进行监测，与设计荷载规范对比分析，避免出现荷载超限。

结构所处位置的风速、风向监测：风速与风向对结构的受力状况有很大的影响，根据实测获得的结构不同部位的风场特性，为监测系统的在线或离线分析提供准确的风载信息。施工过程中宜将风速仪安装在结构顶面的专设支架上，当需要监测风压在结构表面的分布时，在结构表面上设风压进行监测。

其他监测：如对需要抗震设防的结构进行地震荷载监测，为震后响应分析积累资料；有害气体的监测。

4.3 高耸构筑物施工安全预警

高耸构筑物施工安全预警是指在明确结构安全控制内容的基础上，对能够综合反映其施工安全的预警指标进行动态监测，预测其发展趋势，施工安全控制决策者结合监测数据度量施工结构的安全状态。

4.3.1 施工安全预警系统

施工过程预警作为整个工程建设过程的一个重要环节，肩负着保护国家财产和生命安全的重担。施工过程预警涉及施工管理、施工环境、施工结构建设、施工机械、施工人员等多方面因素，任何一个环节出现问题都有可能引发重大事故，在本书中，我们主要是针对在施工过程中结构本身安全方面的预警研究。

施工过程预警是通过对施工过程中结构特定参数的变化趋势进行预期性评价，以提前发现结构未来施工过程中可能出现问题及其成因，为提前进行某些决策、实施某些防范措施和化解措施提供依据。在整个施工过程中，结构的受力、变形、振动等状况随着施工过程的进行，会和设计正常使用状态有明显的差异，而不正确的施工方法和突发状况等因素可能使施工过程中结构发生突变，通过合理的施工过程监测预警手段，掌握施工过程结构特性的变化情况，预测关键指标的发展趋势，保证施工过程的顺利进行。

4.3.1.1 施工安全预警原则

施工过程预警系统设立的基本原则如下：

（1）科学防范原则。预警是为了给人们提供风险可能发生的有效信息，指导人们及时采用相应的防范措施，因此整个预警系统必须具有较为严密的科学性。可以说，它是整个系统的灵魂和核心所在，也是整个预警系统建立过程中必须遵循的最基本原则，是我们在设计预警系统时所奉行的基本指导思想。

（2）系统原则。预警系统吸收了原有管理理论和方法的精髓，作为一种新的思想和方法，是对现有管理系统的完善和发展。它是一种全过程管理，因此必须将研究对象视为一个系统进行分析，在预警系统中坚持系统性原则。

（3）方便实用原则。任何一种新的方法在实际应用中必须以实用为其生存的根本要求，建筑于新思维之上的预警系统也必须体现实用的原则，为了它本身的推广应用也应容易操作。

（4）与信息化结合原则。预警系统的建立离不开信息化施工的手段，无论是监测、评价、预测还是对策都离不开信息化的方法，没有信息化施工的顺利实施就没有预警系统的成功建立，而信息化方法应用于预警系统中能更好地发挥它事前控制的优势。两者间是相辅相成的紧密关系。可以认为，信息化施工和预警系统分别从微观方法和宏观思路上为工程的安全施工保驾护航。

4.3.1.2 施工安全预警系统构建

施工安全警情的预测应以安全事故的发生规律、警兆变化规律、类似工程项目历史事故案例、本工程项目施工安全预警指标历史监测数据、数值模拟分析等为基础，首先运用信息挖掘、预测技术对施工现场安全状态的发展趋势进行预测，然后结合警情诊断技术明确未来的警情状况。通过施工安全警情预测结果与现有施工活动的综合分析，能够对采取下一步施工措施提供重要的决策依据，是预防安全事故发生的重要策略。

施工安全警情预测的方法中，较为传统的预测方法有回归统计模型、概率统计分析法，方法原理与适用性见表4-10。

表 4-10　施工安全警情传统预测方法

名称	原　理	高耸构筑物施工安全预警适用性
回归分析模型	通过确定自变量和因变量之间的映射关系来建立预测模型	对因素众多、非线性关系明显的高耸构筑物建立映射关系，困难且不实际
概率统计分析	认为对象服从一定的概率分布，可通过测量值分析，确定其概率分布函数	需要大量监测数据提取内在分布规律，但数据噪声较大时则很难分析

目前，多以数值分析或工程项目施工安全预警指标的历史监测数据为基础进行预测工作，较为主流的方法有反分析法、灰色系统理论、人工神经网络等。预测方法宜根据工程实际与方法适用性综合确定。

反分析法，是以现场量测到的反映系统力学行为的某些物理信息量（如位移、应变、应力或荷载等）为基础，通过反演模型（系统的物理性质模型及其数学描述，如应力与应变关系式），反演推算得到该系统的各项或一些初始参数（如初始应力、本构模型参数、几何参数等）。其最终目的是建立一个更接近现场实测结果的理论预测模型，以便能较正确地反映或预测岩土结构的某些力学行为。根据现场量测信息的不同，岩土工程反分析可以分为应力反分析法、位移反分析法及应力（荷载）与位移的混合反分析法。由于位移特别是相对位移的测定和其他监测数据比较而言更容易获得，因此位移反分析法的应用最为广泛。

灰色预测理论是将一些随机上下波动时间序列的离散数据序列进行累加生成有规律的数据序列，然后进行建模预测。该方法并不要求大量的原始数据，最少仅有4个以上的数据就可以建立灰色模型，且计算较为简单。灰色模型中的时序数列符合高耸构筑物施工变形"时间-位移"预测的需要。但为保证预测精度，预测时间段一般不宜过长，应采用最新观测数据建模，每预测一步，参数尽量作一次修正，使预测模型不断优化、更新。

人工神经网络是根据人类大脑活动的相关理论，以及人类自身对大脑神经网络的认知与推理，进而模仿大脑神经网络的结构和功能所构建出的一种信息处理系统。这种信息处理系统是以理论化的数学模型为基础的，它的组成结构是大量的简单元件，由这些简单元件相互连接形成一个复杂的网络，具有高度非线性。BP神经网络是当前神经网络模型中应用最广泛的一种多层前馈型网络，其学习规则是最速下降法，采用的算法是误差逆向传播，即通过误差反向传播来对神经网络的权值、阈值进行不断地调整，从而达到网络误差平方和最小的目的。该方法预测结果在数值上与实测数据贴合度很高，避免了在工程中过于复杂且不准确的理论分析，但其模型训练学习需要大量的数据样本、收敛速度慢且易陷入局部最优等，影响了预测结果的精度和稳定性。如果工况发生突变等情况时，模型会因无法即时适应而产生较大误差，此外预测过于依赖数值的统计学预测，无法反映力学关系等。

结构安全预警系统的构建步骤为：

（1）建立结构安全预警模型。以预警项目的有关参数为基础，依据力学分析确定预警指标，同时参照同类型项目优化预警指标，确定监测范围与监控分区；建立与之相应的施工安全技术预警指标体系；确定施工安全警情预测方法，融合力学分析及同类项目预警值，设置结构安全预警预测值。

（2）设置预警区间。依据现行规范与工程实际确定预警指标的阈值及预警区间，建立施工安全警报机制。

（3）建立警情决策模块。主要是建立警情决策机制，依据施工历史记录及监测数据，进行警情原因甄别、警情对策制定与论证、警情对策实施与跟踪。

（4）建立信息管理模块。主要是根据施工过程中所产生的与结构安全相关的数据、参数等，建立事故案例数据库、分析结果数据库、监测信息数据库、矫正措施预案库、应急措施预案库等。

最终建立高耸构筑物结构安全预警系统如图4-12所示。

4.3.1.3 施工安全预警指标体系

根据大量其他领域预警指标体系的建立情况，施工过程指标体系的建立应该满足以下几个原则：

（1）代表性原则。所选取的指标应该是在施工预警中具有代表性的指标，尽可能完整、全方面、多方位地反映和量度所研究的问题。

（2）客观性原则。所选取指标的数值，要做到客观真实，以实现所建立的模型能够客观真实反映实际情况的目的。

（3）可操作性原则。所选取指标应该是特征比较明显、易于观察和描述，易于收集整理，便于处理，具有一定的可操作性。

（4）独立性原则。一般来说，有些因素之间具有一定的关联性，需要通过科学的方法处理指标体系中相关联比较大的指标，使每个指标尽量只出现一次，避免重复，使指标体系更能准确、科学地反映被评价对象的实际情况。

（5）定性与定量相结合原则。将定性指标和定量指标结合起来，使指标体系既能定性地反映所需要分析研究的问题，又能定量地反映分析研究的问题。

高耸构筑物施安全预警的评价指标大体上应该满足以下条件：

（1）保证施工过程中材料有足够强度。强度指材料抵抗破坏的能力，即材

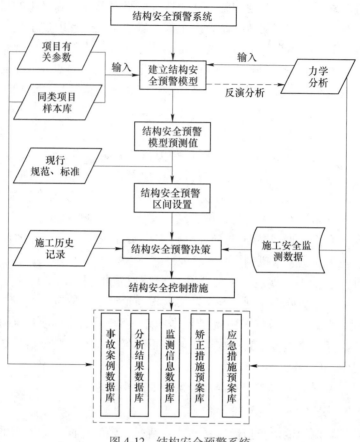

图 4-12　结构安全预警系统

料破坏时所需要的应力。结构应力监测中的最基本的指标，一般分为抗压强度：材料承受压力的能力；抗拉强度：材料承受拉力的能力；抗弯强度：材料对致弯外力的承受能力；抗剪强度：材料承受剪切力的能力。结构的材料不发生强度破坏是一个结构施工过程中最基本的要求之一。

（2）保证施工过程中结构有足够的刚度。刚度指构件或结构抵抗变形的能力，即引起单位变形时所需要的应力。其一般是针对构件或结构而言的。它的大小不仅与材料本身的性质有关，而且与构件或结构的截面和形状有关。保证施工中及成型后结构有足够的刚度，是对结构施工过程中的变形的要求。

（3）保证施工过程中结构的稳定性。结构失稳就是稳定性失效，也就是受力构件丧失保持稳定平衡的能力，按照失稳分为平衡分岔失稳、极值点失稳和跃越失稳。在高耸构筑物施工中失稳问题是最为重要的问题之一，失稳成为制约结构安全的关键因素。因此针对高耸构筑物施工监测，失稳监测必不可少。

（4）保证施工过程安全进行的外界环境。高耸构筑物施工过程是一个长期、复杂的过程，很可能需要经历一年四季各种气候的影响，因此，在施工过程中，对施工外界环境的温度、风速、风压等指标的监测也是保证施工过程顺利完成的重要环节。

（5）满足结构设计规范和各个分部分项工程的施工验收规范。对结构施工进行监测，目的是安全和准确地达到结构的目标设计位形。安全施工是前三条评价的主要目标，而满足对成型的要求则主要靠满足各个分部分项工程的施工验收规范。

总体来说，高耸构筑物施工安全预警指标一般包括直接指标和间接指标。直接指标一般包括应力指标、变形指标等，而间接指标一般是指施工外界环境指标，一般包括温度指标、风速指标、风压指标等。

4.3.1.4 施工安全预警系统流程

通常预警系统的功能包括预防、警报、矫正和"免疫"职能。

（1）预防职能。它是在事故发生之前就采取必要手段阻止事故发生或减小事故的损害，变常规的事后监控为事前监控和事中监控，变事后处理为事先预防，有利于提高工程质量，保证工程建设顺利进行。

（2）警报职能。它是对工程施工行为进行监测、识别与报警的一种功能。它通过设立各类行为可能产生失误后果的界限区域，对某些可能的错误行为或可能的波动失衡状态进行识别与警告，以此来确保土木结构工程的质量。

（3）矫正职能。预警系统不仅指出了施工中的种种行为失误和波动，而且依照管理预警的信息，对失误与管理波动进行主动的预防控制并纠正其错误，促成管理过程在非均衡状态下的自我均衡。它实现的是工程建设中的一种动态管理、即时管理，符合工程建设全过程管理的要求。

（4）免疫职能。指对同类的失误行为和管理波动局势进行预测或迅速识别，并采取有效对策的一种功能。当施工过程中出现了过去曾经发生过的失误征兆或相同的错误信息时，它能准确地预测并迅速运用规范手段予以有效制止或回避。

施工安全预警系统一般包括施工监测系统、预警指标系统、预警警级判断系统、预警分析系统、报警系统。通过对警源的分析和确定，建立起预警系统的指标系统，然后通过制定监测方案，采用先进的监测仪器来获取这些指标在施工过程中的变化情况，通过预警方法的判断分析和预警境界的比较，来判断结构在当前情况下结构所处的安全警级，一旦结构处于危险的范围内，发出警报，停止施工，并且采取一定的修复措施来保护结构的安全，如果结构处于安全范围内，则继续施工。每次的监测数据会记录在监测数据库中，可以随时调出查看先前的变化情况，可以从长期预警的角度掌握整个结构的变化情况。高耸构筑物施工安全预警流程如图4-13所示。

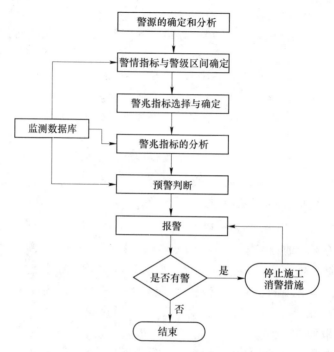

图 4-13　施工过程安全预警的流程

施工安全预警的本质目的是及时发现并掌握施工过程偏离安全状态、接近安全事故的程度。因此，警情预报是预警的主要任务，是在明确施工安全现状与预警指标未来变化趋势后，对警情的综合发布。

4.3.2　施工安全预警指标控制值

高耸构筑物发生重大安全事故前都有预兆，这些预兆首先反映在监测数据中。在工程监测中，每一测试项目都应根据实际情况，事先确定相应的警戒值，以判断位移或受力状况是否超过允许的范围，判断当前工程是否安全可靠，是否需要调整施工步序或优化原设计方案。因此，监测项目的警戒值的确定至关重要。然而警戒值的确定又是一个比较复杂的过程，具体警戒值的大小取决于工程、工况等具体条件，又根据监测点的重要程度不同而有所不同。目前，警戒值的取值很大程度上依赖于经验。

监测警戒值的确定应遵循以下几条原则：

（1）满足设计计算的要求，不能大于设计值；

（2）满足监测对象的安全要求，达到保护的目的；

（3）对于相同条件的保护对象，应该结合周围环境的要求和具体的施工情况综合确定；

（4）满足现行的有关规范、规程的要求；

（5）满足各保护对象的主管部门提出的要求；

（6）在保证安全的前提下，综合考虑工程质量和经济等因素，减少不必要的资金投入。

目前，施工安全技术预警大部分指标多采用双控的方式，即对预警指标的累计值与变化速率分别设定阈值；其余指标则采用单控，仅对其累计值设定阈值。

当采用单级预警时，则仅需确定警戒值即可，现行相关标准规范中称为监测报警值或监测项目控制值，当监测数值达到警戒值时，安全事故发生的可能性很大，必须立即进行危险报警并及时采取控制措施。工程自身安全风险的警戒值应结合标准规范、勘察设计文件、监测等级、施工经验与工程实际综合确定，可参考以下数值：（1）相关规定值：随着基坑工程、隧道工程设计和施工经验的积累和完善，国家及地方相应出台了一些规定值；（2）经验类比值：相关工程的施工经验十分重要，尤其是类似已建工程，其工程经验与相关参数，可作为确定基础；（3）设计预估值：高耸构筑物工程在设计时，对结构的内力、变形及周围的水土压力等均做过详细的计算，警戒值确定可以计算结果作为设定基础，但是由于地质条件的复杂性以及工程的独特性，部分指标的设计计算或估算往往并不精确，甚至偏差较大，因此，该类指标的设计预估值可作为预警区间设定的参考依据，需通过工程实际反馈进行适当调整。周边邻近建（构）筑物安全风险的警戒值应根据其结构形式、变形特征、已有变形、正常使用条件及国家现行标准的规定，并结合环境对象的重要性、易损性及相关单位的要求进行确定。

当采用多级预警时，首先应确定最高警级阈值（警戒值）与最低警级阈值，警戒值确定方法同上述单级预警的确定方法，最低警级阈值一般取警戒值一定的百分比，该百分比取值可依据相关规范，也可结合工程实际综合确定。最低警级阈值设定过高，则可能出现漏警情形，无法对可能存在的危险发出正确的预报；过低，则会产生虚警，干扰正常施工。然后，确定中间各警级的阈值与预警区间，确定方法有：（1）等比例均分法，如：最低警级阈值为 a，警戒值为 b，警级个数为 3 个，则各警级对应的阈值分别为 a、$a+(b-a)/2$、b，对应的预警区间分别为 $[a, a+(b-a)/2)$、$[a+(b-a)/2, b)$、$[b, x)$，其中 x 表示预警状态与安全事故状态的临界点，仅作为符号表示，非具体数值；（2）指数函数法，是在等比例均分法的基础上，通过指数函数予以修正，是基于风险管理保守视角采用的方法，可采用公式 $a = \dfrac{\exp(t)-1}{\exp(1)-1}$，其中 t 为等比例均分的划分点，即前例中的 $a+(b-a)/2$，得到的 a 为调整后的区间划分点。

若采用单级预警，则不需进行警级划分；若采用多级报警，应确定警情等级个数与颜色标识。警级的划分原则通常可遵循客观性原则、实用原则与奇数原则。结合现行标准规范与目前各行业警级的划分个数与颜色标识（如表4-11所示），考虑到色谱排序、人们对不同颜色的潜在印象、警级数量的认知程度，表4-11中警级个数与颜色标识仅供参考，工程实际中可根据具体情况设定。

表 4-11　各领域风险等级颜色标识

序号	领域	正常状态	风 险 等 级				
			一级	二级	三级	四级	五级
1	交通	绿色	黄色	红色			
2	气象		蓝色	黄色	橙色	红色	
3	地震		绿色	黄色	红色	紫色	
4	消防		绿色	蓝色	黄色	橙色	红色

4.3.3　监测数据处理与报警

4.3.3.1　监测数据分析

（1）对主体结构的水平位移进行细致深入的定量分析，包括位移速率和累积位移量的计算，及时绘制位移随时间的变化曲线，对引起位移速率增大的原因进行准确记录和仔细分析。

（2）对各项监测结果进行综合分析并相互验证和比较。用新的监测资料与原设计预计情况进行对比，判断现有设计和施工方案的合理性，必要时，及早调整现有设计和施工方案。

（3）根据监测结果，全面分析高耸构筑物施工对周围环境的影响，查明出现偏差的技术原因。

（4）依据适合的结构设计理论，利用已有的监测数据，推演计算其他重要的力学参数，以全面了解施工期间各种情况下结构的动态变化规律。

（5）下一步用反分析方法等推算既有结构的特性参数，检验原设计计算方法的适宜性，预测后续施工可能出现的新行为和新动态。

施工过程中应加强施工过程的安全风险监控、评估预警、信息报送和预警处理等风险预防和控制措施，及时发现安全隐患并采取有效控制措施，避免工程事故和环境事故的发生。同时，施工过程中根据监控量测结果，分析变形控制指标的科学性和有效性，必要时进行指标调整。在施工过程中因地质条件和现场施工条件的变化需要做变更设计时，应根据风险工程等级重新进行施工影响预测和施工附加影响分析，并制定变形控制标准，进行动态风险控制设计。

施工阶段的预警预报共分为两大类，即单项预警和综合预警，每一类预警都根据其严重程度分级管理，当出现施工突发风险事件时，可依据相关应急预案的有关规定进行。根据不同的预警类别、级别，分别采取不同的预警响应和事务处理方式。工程参建各单位包括建设、施工、监理、第三方监测和设计单位应根据预警级别的不同，组织不同层级的人员加强风险处置的实施和管理工作。

4.3.3.2 监测预警模型

高耸构筑物施工安全预警首先应明确施工现场的安全现状，需根据监测数据和巡视结果进行单一指标警情确定，然后依据安全事故与预警指标的关联关系，综合确定施工现场当前的安全状态。其中，单指标警情的确定，大部分预警指标需综合考虑累计值与变化速率，剩余部分指标则仅考虑累计值。

通过事理分析、专家访谈，认为预警指标警情的确定应综合考虑实际情况并对警情进行量化，应确定指标的警级与量化数值，这有助于安全管理决策者快速理解同一警情等级下不同的严重程度。通过分析认为宜首先对监测数据进行规范化处理，取监测数据与警戒值的比值为规范化后的数值。需要说明的是，考虑到重警状态的危急性，不再对其进行程度量化，即当计算比值大于等于1时，此时其规范化数值取1。然后对规范化后的数值进行警情等级判定，根据现行规范与工程实际调研，判定依据如表4-12所示。

表 4-12 警情等级判定依据

颜色	绿色（无警）	黄色（轻警）	橙色（中警）	红色（重警）
区间	$[0, 0.7)$	$[0.7, 0.85)$	$[0.85, 1)$	1

监测数据规范化后，应确定预警指标的警情等级，对于单控型预警指标，其警级与量化数值可直接计算与判定。对于双控型预警指标，一般认为可通过累计值与速率的均值作为合成结果进行判定，但通过试算分析与专家访谈，采用均值合成存在部分合成结果与事理不符的情况，还应考虑如下情况：

（1）累计值与速率存在一定的关联性，速率越大，累计值增长越快；累计值是预警指标现有状态的直接反映，速率为预警指标一段时间内的变化程度，所以在指标警情等级确定时，累计值相对更重要一些。

（2）当累计值为无警状态、速率为预警状态时，此时无论是取速率警级直接判定预警指标警级还是采用均值判定，合成结果均有失偏颇，针对此种情况应先加强监测但不予报警，直至累计值进入黄色预警状态后，方可进行结果合成，确定预警指标警级并报警；

（3）当速率为无警状态，累计值为预警状态时，此时考虑到累计值对现状的直观反映，应以累计值的警级作为预警指标的警级；

（4）当累计值达到橙色预警，速率达到红色预警时，指标累计值到达警戒值的时间则非常短，此种情况下指标警情等级宜确定为红色预警；

（5）当累计值为橙色预警，速率为黄色预警时，预警指标等级应为橙色预警，其量化结果应取累计值的数值，若此时取均值则可能出现判定结果为黄色预警，这与事理逻辑不一致。

综上，对双控型预警指标，其警情等级与数值确定可参考表 4-13 确定。

表 4-13   双控型预警指标警情等级与数值确定

累计值 速率	绿		黄		橙		红	
	数值	颜色	数值	颜色	数值	颜色	数值	颜色
绿	—	—	取累计值	黄	取累计值	橙	取累计值	红
黄	—	—	取均值	黄	取累计值	橙	1	红
橙	—	—	取均值	依数值判定	均值	橙	1	红
红	—	—	取均值	依数值判定	1	红	1	红

预警指标警情等级确定后，可依据安全事故与预警指标之间的关联关系、安全事故的特征、工程施工的具体情况，综合判断监控分区可能发生的警情，以便有针对性地进行原因排查并做好相应控制措施的准备工作。

施工过程中，还应注意当监测数据有突变现象且未有恢复迹象时，应进行信息辨伪，在认为数据为真后进行异常报警；当监测数据连续几天出现异常变化，虽未进入预警区间，应予以重视和关注，并结合其发展趋势与工程经验适时进行异常报警。

4.3.3.3   警情应对策略

当警报发出后，应立即根据警报内容、现有控制措施与工程施工经验，综合判断警情的可控程度，选择采取矫正控制措施或应急管理措施。需要说明的是，警报应对策略采用矫正控制措施还是应急管理措施，不以安全事故的发生时点为依据，应以已发生安全事故、警情的可控程度为主要依据，即当警情尚未成灾、可控度高时，则选择采用矫正控制措施；当已形成灾害或即将成灾、可控程度低时，则立即采用应急管理措施，如图 4-14 所示。警情是否可控一定程度上还取决于安全管理决策者对警报的综合认知能力与应对经验。

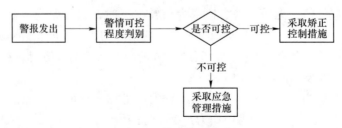

图 4-14   警情应对策略

为快速准确地制定矫正控制措施或应急管理措施，应建立矫正控制预案库与应急措施预案库，二者可合称为警情对策库，对策库中除了有正确的对策外，还应基于失败学理论存有错误的对策，明确什么措施可采取、什么措施不可采取，需综合理性分析后进行决策。

（1）矫正控制措施。矫正控制措施是针对诊断确定的警情通过矫正技术措施使其远离预警状态逐渐回归安全稳定的状态，或针对已发生的尚未成灾、可控度高的安全事故通过控制技术措施阻止其继续发生发展并进入稳定状态，所以矫正控制措施包括预警阶段控制措施与安全事故控制措施。采取矫正控制措施后，还应进行持续跟踪，直至确定完全稳定后方可解除警报。同时，还应确保施工现场具有足够的资源配备保证矫正控制措施的顺利实施。

（2）应急管理措施。应急管理措施是针对已经成灾的安全事故或不可避免、即将发生、灾害性强的警情采取的紧急应对措施。工程施工项目部应建立有应急管理制度，成立应急管理组织机构，并建立应急响应机制，同时，对相关人员进行应急组织培训与周期模拟训练，还应确保施工现场具有足够的资源配备与实施条件，保证应急管理措施的顺利实施，如截水堵漏的必要器材；抢险所需的钢材、水泥、草袋及堵漏材料等；保证应急通道畅通。

应急组织管理机构的设置，应根据应急管理中协同指挥、信息平台、技术处理、监测要求、物资配备、现场保卫、秩序组织、抢险救援、医疗救护等功能建立相应的指挥部、工作组，并清晰明确各组的职责，保证应急工作的快速高效。

应急管理工作主要包括启动应急响应机制，应急汇报和社会通告，人员、机械等紧急撤离，灾害减缓、隔离、避灾等应急决策，现场紧急封闭与保护，协同抢险救援工作，周边社会支援协同配合，灾后恢复等。

（3）信息管理模块。施工安全预警功能是预警监测、诊断报警、警情决策模块的有机协同共同实现的，而模块之间的有机协同工作则有赖于各模块工作相关信息的存储、传递。预警监测模块的监测数据、工程项目的施工记录均应建立数据库予以存储；诊断报警、警情决策功能的实现除提取监测数据外，还需基于事故案例及致因机理数据库、矫正控制预案库、应急管理预案库，这些数据库均应由信息管理模块统一管理。为实现警情预报、矫正控制、应急管理等工作的高效性，信息管理模块还应具有警情发布、应急通告的功能。

5 高耸构筑物施工安全控制绩效评价

5.1 高耸构筑物施工安全控制绩效评价内涵

5.1.1 基础概念

（1）绩效。早期传统的研究认为，绩效是系统运行的结果，是对系统历史行为总体的反映。但在具体运用过程中，发现仅仅采用系统运行的结果并不能清晰了解系统的运行过程，对于不良结果的原因多通过经验或者推断进行分析。因此，现有研究普遍认为：绩效不仅仅是系统运行的结果，还应包括系统运行过程中的行为。从总体而言，可将绩效看作"结果"和"过程（行为）"的结合体。

（2）管理绩效。管理绩效是指通过设定目标，在参与人员就目标与如何实现目标达成共识的基础上，运用一系列管理手段对组织运行效率和结果进行控制和掌握的过程。管理绩效侧重于组织运行的综合效率，强调组织目标和个人目标的一致性，要求各个环节中管理者和员工的共同参与，以形成高效协调的"多赢"局面。

（3）过程绩效。过程绩效侧重于系统的运行过程是否正常运转以及各子过程是否取得了预期的结果，反映了过程行为与过程结果的有机结合。因此，对过程绩效的衡量则体现为过程行为与过程结果的正确性。

5.1.2 施工安全控制绩效

目前，现有研究尚未对施工安全控制绩效形成统一的定义。国外安全控制绩效研究中，Top Michaud 认为好的安全绩效应该是没有人员伤害、没有设备和设施及工具的损坏、没有对环境的危害、没有对市场竞争力的损害、没有对公司形象和品牌竞争力的损害、没有对生产力的损害。《职业安全健康管理体系实施指南》（MH/T 3013.10—2012）中对安全控制绩效的定义为基于职业健康安全方针和目标，与组织的职业健康安全风险控制有关的，职业健康安全控制体系可测量的结果。

对于安全控制绩效，若仅仅体现为安全控制系统最终的结果，如：死亡率、伤亡人数、财产损失额等，则只能从宏观层面反映系统历史运行的状况，但并不利于进行全面透彻的原因分析。因此，本书认为施工安全控制绩效也应是过程和结果的有机结合。施工安全控制绩效是指按照施工安全控制的目标和指导方针，安全控制技术在施工过程中及实施后所能达到安全控制效果的可评测结果。该结果应能表明项目对施工安全控制措施的执行力度及控制水平，同时也是施工安全控制政策落实成效的体现。

高耸构筑物施工过程中的行为活动涉及方面广泛，如模板的搭设和拆除、混凝土的浇筑、钢筋的加工、材料的吊装等，因此若想达到事先预期的目标，需从其影响因素入手。高耸构筑物施工过程的影响因素较多，从结构方面来说有施工方案的设计、施工荷载的改变，以及环境因素的影响；从管理方面来说有施工机具选择、危险源辨识、应急措施等。从结果绩效上来讲，其是各项管理措施、控制措施等的作用效果的反映。施工安全控制水平的高低可根据该项绩效评价结果做出评判。

5.1.3 施工安全控制绩效评价

传统施工安全控制绩效的评价与传统施工安全控制绩效的认知程度一致，多带有强烈的结果性，仅将事故发生率、伤亡人数、财产损失等结果性的指标作为安全控制绩效评价的评判标准，这失去了对后续工作改进的指导意义。

结合前述施工安全控制绩效的涵义与现有安全控制评价的研究成果，可认为开展施工安全控制绩效评价的工作，首先需要设定能够共同反映评价对象施工过程与结果安全的评价指标体系，然后通过对指标体系定期的评价或测量，以及指标量化结果的集成，以清晰反映评价对象总体的施工安全状态，主要涉及施工过程中相应安全技术措施与安全控制方法的评价。

施工安全控制绩效评价流程如图 5-1 所示。

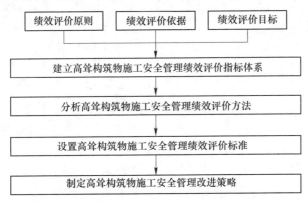

图 5-1 高耸构筑物施工安全控制绩效评价流程

首先，需要在评价原则、依据、目标的基础上建立评价指标体系并设定评价标准；然后结合指标体系特征与测度方法有针对性地建立相应的评价模型，由此可得到施工安全控制绩效的评价结果；最后，根据评价结果准确清晰定位存在的不足，并从系统角度制定出合理的改进策略。依据前述章节对高耸构筑物施工安全控制技术与施工安全控制技术的研究，对高耸构筑物施工安全控制绩效的评价则应重点关注结构安全控制技术、安全教育及政策法规的落实、事故预防过程管理等方面，以系统全面地反映此类项目施工安全控制水平，并对其实现持续性改善。

根据建设项目结构特征、施工技术、过程管理等因素来确定评价指标。体系中各指标是反映高耸构筑物施工过程安全控制持续改进的要素，体现着对高耸构筑物施工过程危险源分析、安全培训教育、应急管理等管理环节的实施状态，通过对这些要素的量化考核来促进施工过程安全控制的持续改进。

5.2 高耸构筑物施工安全控制绩效评价指标体系

5.2.1 绩效评价指标体系建立原则与依据

（1）施工安全控制绩效评价指标体系建立原则。高耸构筑物施工安全控制绩效评价指标体系的建立，应遵循科学性原则、全面性原则、可行性原则、稳定性原则、动态性原则、目标导向性以及定量与定性相结合原则。

（2）施工安全控制绩效评价指标体系建立依据。

1）现行标准规范。高耸构筑物施工安全控制绩效评价指标体系的建立，应与现行建筑施工过程相关技术标准、行业规范等保持一致，并满足技术标准、行业规范的基本规定，这是绩效评价指标体系建立的基础。

2）施工安全控制、管理技术。高耸构筑物施工安全控制绩效评价是为检验安全控制技术、安全控制技术的实施效果，在建立指标体系时必然会考虑控制与管理技术的内容及控制对象。安全控制技术与安全控制技术实施与否以及实施效果是施工安全控制绩效评价的重点，与绩效评价的目的相吻合。

5.2.2 施工安全控制绩效评价指标优化

对于高耸构筑物施工安全控制绩效评价指标优化，应考虑指标的区分度、与施工安全控制绩效的相关性、指标代表性等方面。常见的指标优化方法有主成分分析法、选取典型指标法。

（1）主成分分析法。主成分分析是设法将原来具有一定相关性的众多指标（比如 p 个指标），重新组合成新的、互相无关的综合指标来代替原来指标的方法。通常，数学上的处理就是将原来的 p 个指标作线性组合，作为新的综合指标。如用主成分分析法的主要原理是利用降维的思想，通过研究指标体系的内在结构关系，把多指标转化成少数几个相互独立而且包含原有指标大部分信息（≥85%）的综合指标的多元统计方法。其优点是它确定的权数是基于数据分析而得到的指标之间的内在结构关系，不受主观因素的影响，而得到的综合指标

（即主成分）之间彼此独立，减少信息的交叉，使得分析评价结果具有客观性和准确性。

（2）选取典型指标法。若开始考虑的指标过多，可以将这些指标先进行聚类而后在每一类中选取若干典型指标，但这两种方法计算量都比较大，用单相关系数选取典型指标计算简单，在实际中可依据具体情况选用。假设聚为同一类的指标有 N 个，分别为 a_1，a_2，…，a_n。第一步计算 N 个指标之间的相关系数矩阵 R。第二步计算每一指标与其他 $n-1$ 个指标的相关系数的平方 r，则 r_{i-2} 粗略地反映了 a_i 与其他 $n-1$ 个指标的相关程度。第三步比较 $r-2$ 的大小，若有 $r_{k-2} = \max_1 \leqslant I < n r_{i-2}$ 则可选取 a_k 作为 a_1，a_2，…，a_n 的典型指标，需要的话还可以在余下的指标中继续选取。

5.2.3 施工安全控制绩效评价指标体系的构建

不同地区的政策、环境存在较大的差异，且高耸构筑物的施工在时间和空间上的跨度比较大，影响施工安全的因素也随施工进程不断变化。同时，用于评价的指标在不同项目、不同阶段体现出的重要程度也会不同。所以要经过总结分析、不断优化，充分考虑施工过程中的影响因素，选出合理的指标，构建指标框架，最终形成高耸构筑物施工安全控制绩效评价指标体系。

5.2.3.1 指标体系初步框架的建立

高耸构筑物施工安全控制绩效评价体系的构建是以现场的调研、事故树分析以及系统动力学管理模型研究等为基础。现场的实地调研为评价体系的构建提供了事实依据；系统动力学模型囊括了安全控制、安全教育、政策法规等部分，均为指标体系构建的基础。

在建立初步框架的基础上，以理论分析为主进行指标优选，最终确定高耸构筑物施工安全控制绩效评价指标及体系，指标优选过程如图 5-2 所示。

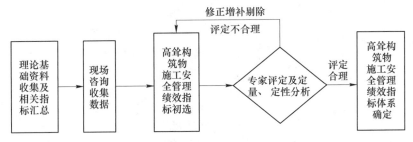

图 5-2 施工安全控制绩效评价指标优选流程

高耸构筑物施工安全控制绩效评价指标初步框架为：第一层为目标层，高耸构筑物施工安全控制绩效；第二层为子目标层，子目标层主要包括结构安全控制 A、操作平台安全控制 B、垂直运输系统安全控制 C、事故管理 D、政策法规 E、

安全教育 F 六部分；第三层为指标层，是对子目标层的细节描述，如图 5-3 所示。

结构安全控制 A
- 结构设计合理性 A_1
- 施工方案完整性 A_2
- 结构安全控制中心的建立 A_3
- 塔身屈曲控制 A_4
- 混凝土强度检测 A_5
- 动态监测系统实施情况 A_6
- 结构安全控制专项措施 A_7

操作平台安全控制 B
- 施工荷载布置 B_1
- 关键节点控制 B_2
- 架体材料质量安全性 B_3
- 架体安装质量检查 B_4
- 拆除安全控制 B_5
- 提升过程安全控制 B_6
- 操作平台安全控制专项措施 B_7

垂直运输系统安全控制 C
- 稳定性控制 C_1
- 专项监测系统 C_2
- 运行环境安全监督 C_3
- 设备安全检查 C_4
- 垂直运输系统安全控制专项措施 C_5

事故管理 D
- 危险因素辨识 D_1
- 安全生产责任制建立 D_2
- 日常安全检查 D_3
- 施工安全隐患排查 D_4
- 安全生产事故处理 D_5
- 安全生产应急救援演练 D_6

政策法规管理 E
- 国家安全生产法规 E_1
- 地方安全生产法规 E_2
- 企业安全生产管理制度 E_3
- 重大危险源安全管理法规 E_4

安全教育管理 F
- 三级教育 F_1
- 专项技术培训 F_2
- 培训强度 F_3
- 安全教育投入 F_4
- 安全教育考核 F_5

（高耸构筑物施工安全管理绩效评价指标框架）

图 5-3   高耸构筑物施工安全控制绩效评价指标初步框架

结构安全控制 A 的子目标层包括结构设计的合理性、施工方案、结构屈曲验算、控制中心的建立、动态监测系统实施情况以及专项措施。结构设计的合理性是结合设计因素确定的，施工方案则是结合了结构施工因素和施工期环境因素来建立的。而其余指标是考虑了控制目标而设置的。

操作平台安全控制 B 的子目标层是依据前文所述操作平台安全影响因素分析得到的，具体包括施工荷载布置、关键节点布置、架体材料质量安全性、安装质量检查、提升过程控制。

垂直运输系统安全控制 C 的子目标层包括稳定性验算、专项监测系统、现场安全监督、设备安全检查。稳定性控制是保证垂直运输系统安全的一项重要措施。专项监测系统、现场安全检查是安全控制措施，其执行程度与效果决定垂直运输系统安全控制的水平。

事故管理 D 的子目标层包括危险因素辨识、安全生产责任制、安全检查及隐患排查制度、安全生产事故处理制度、安全生产应急救援制度。此目标层是基于事故预防与管理而确定的。

政策法规 E 的子目标层包括国家、地方安全生产法规，企业安全生产管理法规与重大危险源安全控制法规。这一目标层主要关注于这些政策法规的建立健全与执行程度，以及对安全生产所起到的指导性作用。

安全教育 F 的子目标层包括三级教育、专项培训、安全教育投入、培训强度。这一目标层中包含了一些定量指标。安全教育是施工安全控制中的重要一环，对于管理与控制人的不安全行为具有重要意义。安全教育效果明显与否会直接影响高耸构筑物施工安全的状况。

5.2.3.2 评价指标重要性分析

在评价指标体系初步框架的基础上，还需对指标进行重要程度分析与离散程度分析，以最终确定高耸构筑物施工安全控制绩效评价指标体系。为确定初选指标重要程度和离散程度，通过邀请专家填写调查问卷的方式，共发放并回收的有效问卷为 30 份。调查问卷中，将初选指标重要程度分五个级别：非常重要（5分）、重要（4分）、一般（3分）、不重要（2分）、非常不重要（1分）。由于问卷来源的客观程度基本一致，所以对每个指标对应的数据可直接作均权处理。每个指标对应的一组数据用 x_{ij} 表示，其中 $i=1$，2，3，…，m（m 表示指标的数量），$j=1$，2，3，…，n（n 表示专家的数量）。在数据整理后，通过式（5-1）、式（5-2）确定出各初选指标的重要程度与离散程度，见表 5-1。

指标重要程度依据重要程度指数 RII_i 进行比较，当 RII_i 小于 80 时，表明专家一致认为对应指标相对其他指标而言是较为次要的，此时可根据实际评价情况进行适当剔除。RII_i 的表达式为：

$$RII_i = 100 \times \frac{N_{i1} \times 1 + N_{i2} \times 2 + N_{i3} \times 3 + N_{i4} \times 4 + N_{i5} \times 5}{5N} \tag{5-1}$$

表 5-1 高耸构筑物施工安全控制绩效评价指标重要程度及离散性分析

目标层	子目标层	指标层	反馈问卷所赋分值					μ_i	σ_i	δ_i	RII_i
			1	2	3	4	5				
高耸构筑物施工安全管理绩效评价指标	A	A_1	0	0	4	4	22	4.60	0.72	0.16	92.00
		A_2	0	2	2	3	23	4.57	0.90	0.20	91.33
		A_3	0	0	8	12	10	4.07	0.78	0.19	81.33
		A_4	0	3	2	3	22	4.47	1.01	0.23	89.33
		A_5	1	1	0	6	22	4.57	0.94	0.20	91.33
		A_6	0	3	3	6	18	4.30	1.02	0.24	86.00
		A_7	0	0	2	12	16	4.47	0.63	0.14	89.33
	B	B_1	0	0	3	11	16	4.43	0.68	0.15	88.67
		B_2	2	1	3	10	14	4.10	1.16	0.24	82.00
		B_3	2	0	6	8	14	4.07	1.14	0.24	81.33
		B_4	0	2	3	3	22	4.50	0.94	0.21	90.00
		B_5	0	0	4	3	23	4.63	0.72	0.16	92.67
		B_6	0	2	3	4	21	4.47	0.94	0.21	89.33
		B_7	0	4	1	4	20	4.27	1.14	0.27	85.33
	C	C_1	0	0	4	3	23	4.63	0.72	0.16	92.67
		C_2	0	1	2	3	24	4.67	0.76	0.16	93.33
		C_3	0	1	2	9	18	4.47	0.78	0.17	89.33
		C_4	0	0	4	3	23	4.63	0.72	0.16	92.67
		C_5	0	0	8	6	16	4.27	0.87	0.20	85.33
	D	D_1	0	2	3	2	23	4.53	0.94	0.21	90.67
		D_2	0	1	3	5	21	4.53	0.82	0.18	90.67
		D_3	0	0	4	4	22	4.60	0.72	0.16	92.00
		D_4	0	2	3	3	22	4.50	0.94	0.21	90.00
		D_5	0	2	3	4	21	4.47	0.94	0.21	89.33
		D_6	0	0	4	6	20	4.53	0.73	0.16	90.67
	E	E_1	0	3	4	3	20	4.33	1.06	0.24	86.67
		E_2	0	1	3	14	12	4.23	0.77	0.18	84.67
		E_3	1	0	6	13	10	4.03	0.93	0.23	80.67
		E_4	1	1	6	6	16	4.17	1.09	0.24	83.33
	F	F_1	0	1	4	2	23	4.57	0.86	0.19	91.33
		F_2	0	0	5	2	23	4.60	0.77	0.17	92.00
		F_3	0	1	3	6	20	4.50	0.82	0.18	90.00
		F_4	1	1	3	12	13	4.17	0.99	0.24	83.33
		F_5	0	1	3	6	20	4.50	0.82	0.18	90.00

其中，$i=1$，2，3…m；$N_{i1} \sim N_{i5}$ 分别表示问卷对第 i 个指标赋值为 1，2，3，4，5 时所对应的反馈人数；N 为问卷总数量。

指标的离散程度主要根据统计数据计算所得的变异系数 δ_i 的大小确定，δ_i 值越大，表明专家对该指标的理解分歧越大。在这种情况下，该指标需要被剔除。绩效评价中，当指标的变异系数 δ_i 小于 0.25 时，即认为受访专家对这些指标的理解程度存在较小分歧。

变异系数 δ_i 的计算式为：

$$\delta_i = \frac{\sigma_i}{\mu_i} \tag{5-2}$$

其中，$\mu_i = \frac{1}{n}\sum_{j=1}^{n} x_{ij}$，$\sigma_i = \sqrt{\frac{1}{n-1}\sum_{j=1}^{n}(x_{ij}-\mu_i)^2}$。

从表 5-1 可以得出各个指标的重要程度指数相差不大且均大于 80，同时，指标的变异系数 δ_i 也均小于 0.25，说明受访专家对这些指标的理解程度存在较小分歧。计算结果表明在指标框架制定之初的指标优选较为成功，所选受访专家对高耸构筑物施工较为了解。

由于高耸构筑物在施工阶段，外界环境在持续变化，而且随着新技术、新工艺的运用，评价指标也在不断变化。因此，本书建立的高耸构筑物施工安全控制绩效评价体系是一个动态的指标体系，具有灵活性、动态性和层次性的特点，可以根据工程的具体情况对指标进行增加、修改和删减，以得到与工程情况相适应的施工安全控制绩效评价指标体系。高耸构筑物施工安全控制绩效评价体系如图 5-4 所示，各评价指标具体含义见表 5-2。

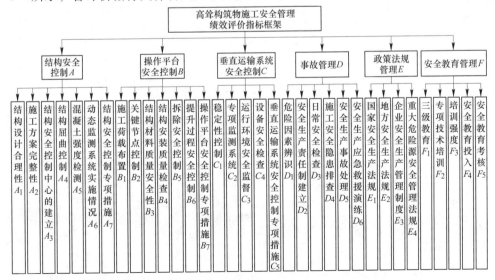

图 5-4　高耸构筑物施工安全控制绩效评价指标体系

表 5-2 高耸构筑物施工安全控制绩效评价指标释义

子目标层	指标层	指标层释义
结构安全控制 A	结构设计的合理性 A_1	结构设计是否符合相关规范的要求，能否满足施工要求
	施工方案完整性 A_2	施工方案中涉及结构施工、结构安全控制、质量保证措施等信息是否全面
	结构安全控制中心的建立 A_3	在结构施工过程中是否建立结构安全控制中心以全面把握结构安全状态并做出相应决策
	结构屈曲控制 A_4	结构屈曲控制是否进行，且取得成效能为结构安全控制提供参考
	混凝土强度检测 A_5	在拆装模板体系时，进行混凝土强度检测，是否达到满足拆装模板所要求的强度
	动态监测系统实施情况 A_6	在结构施工过程中是否进行动态监测，监测信息是否有效
	结构安全控制专项措施 A_7	针对结构施工是否制定了相应专门的安全控制措施，以确保结构安全
操作平台安全控制 B	施工荷载布置 B_1	操作平台上荷载是否超载、布置是否合理、是否影响施工操作及拆装模板
	关键节点控制 B_2	架体连接节点是否安装合理、能否达到承载力要求
	架体材料质量安全性 B_3	架体钢材选择是否合理、厚度是否满足要求、是否发生锈蚀
	架体安装质量检查 B_4	在每次翻模完成之后是否进行安装质量检查，是否立即出安装问题并整改
	拆除安全控制 B_5	拆除模板及支撑体系时是否采取相应的安全控制措施
	提升过程安全控制 B_6	在架体、模板、脚手板等提升过程中，为避免物料或人员坠落而采取相应的措施
	操作平台安全控制专项措施 B_7	在操作平台上进行一些特殊作业或特殊施工环节，采取专门的措施
垂直运输系统安全控制 C	稳定性控制 C_1	在施工过程中，垂直运输机械的稳定性是否得到良好的控制
	专项监测系统 C_2	是否针对垂直运输系统建立专项监测系统
	运行环境安全监督 C_3	对施工现场环境、天气状态等影响垂直运输设备安全的环境因素进行监控
	设备安全检查 C_4	定期、定项对垂直运输设备进行安全检查
	垂直运输系统安全控制专项措施 C_5	在不同条件下，针对垂直运输，制定专项措施

续表 5-2

子目标层	指标层	指标层释义
事故管理 D	危险因素辨识 D_1	是否全面进行施工危险源辨识
	安全生产责任制建立 D_2	项目是否建立安全生产责任制、落实生产安全责任
	日常安全检查 D_3	是否日常进行施工安全检查
	施工安全隐患排查 D_4	是否在施工期间进行危险隐患逐一排查
	安全生产事故处理 D_5	是否对安全生产事故进行正确、合理的处理
	安全生产应急救援演练 D_6	是否制定安全生产应急救援演练预案,并定期进行全员演练
政策法规 E	国家安全生产法规 E_1	施工中是否对涉及国家安全生产法规的进行遵循
	地方安全生产法规 E_2	施工中是否对涉及地方安全生产法规的进行遵循
	企业安全生产管理制度 E_3	企业是否建立安全生产管理制度,以及是否落实
	重大危险源安全控制法规 E_4	施工中涉及重大危险源,是否遵循相关法规
安全教育 F	三级教育 F_1	是否进行三级教育,安全教育内容是否全面
	专项技术培训 F_2	在施工前,是否对施工人员进行专项技术培训
	培训强度 F_3	安全教育、技术培训等是否完成相关课程,并达到一定时间
	安全教育投入 F_4	企业、项目对安全教育的投入是否满足需求
	安全教育考核 F_5	安全教育之后是否进行考核,对于考核不合格的人员是否进行再教育

5.3 高耸构筑物施工安全控制绩效评价模型

5.3.1 施工安全控制绩效评价方法分析

目前,有关绩效评价的方法较多,各种方法均具有优缺点与适用范围。定性评价方法主要是评价者基于经验结合现有资料,综合考虑评价对象的状态和可能结果,直接做出定性结论的评价判断;定量评价方法主要是利用数学方法,通过数学运算对评价对象做出定量判断。在高耸构筑物施工安全控制绩效评价时,需要根据评价指标体系中各要素的特点来确定评价方法。通过大量的文献分析,对现行主流绩效评价方法的优缺点进行总结,如表5-3所示。

表 5-3 常见绩效评价方法

序号	评价方法	概念及内容	优 点	缺 点
1	德尔菲法	邀请专家根据自己的经验对施工安全控制绩效进行评价;但各专家之间互不见面,通过反复函询专家和汇总专家意见得出评价结果	操作简单,专家畅所欲言,避免了权威影响	对专家经验依赖较大;反复函询调查较为费时费力,易造成信息不对称

序号	评价方法	概念及内容	优 点	缺 点
2	层次分析法	根据分析对象性质及解决问题将其分解为各个组成因素，再按照因素间的关系再次分3组，形成一个层层相连的结构，最终确定最低层相对最高层重要性权值并排序	既有定性分析，也有定量分析，适用于准则和目标较多问题的分析	主观性较强，且要求评价指标及相互关系具体明确
3	模糊综合评判	通过专家经验和历史数据模糊描述施工安全控制绩效评价指标，依据各因素的重要性设置相应权重并计算其可能隶属度，通过建立的模型确定施工安全控制绩效水平	对因素较多的复杂系统评价效果好，避免了出现"唯一解"	确定的因素权重主观性大，且存在指标信息重复现象
4	集对分析法	对确定性及不确定性的问题进行定量分析的理论方法，客观承认了问题的不确定性，能够有效地解决多目标决策、多属性评价的问题	有效避免了片面应用主观或者客观评价的弱势	指标之间的判断误差会影响整个指标体系
5	灰色综合评判	基于动态的观点，对影响评价对象的多数非线性或动态因素进行量化分析，并以分析的结果来客观反映因素之间的影响程度	适用于评价系统内部分信息不明的情况	人工确定灰色问题白化函数导致评判受限
6	人工神经网络	模仿人脑处理信息的方式来进行评价分析。相互连接的神经元集合不断地从环境中学习，捕获施工安全控制绩效的本质线性和非线性的趋势，并预测包含噪声和部分信息的新情况	自适应能力强，能够处理非线性、非局域性、非凹凸性的大型复杂系统	绩效评价时需要大量数据样本，精度不高且易造成结果难以收敛
7	支持向量机法	以统计学为基础的机器学习模型，用于处理分类和回归问题。通过不断地学习训练，获取变量之间的对应关系，进行预测和分类	很好地处理小样本问题，避免了"维数灾难"和局部极小问题	没有有效且明确选择合适的核函数的方法

经分析可知：采用德尔菲法、层次分析法、模糊综合评判进行施工安全控制绩效评价，对评价者的知识水平要求较高，且评价受主观因素影响很大，易出现评价结果与实际情况存在较大差距的情况，评价结果的不稳定性不利于施工安全控制水平改善措施的实施；采用人工神经网络及支持向量机法，需要大量样本的支持以实现模型的学习与训练，但现有高耸构筑物施工安全事故的样本较少，无

法获得足够的支撑数据，所以不宜采用；采用集对分析法可有效避免主观因素的影响，既可进行施工安全控制绩效的整体性评价，也适用于阶段性施工安全控制绩效评价，使得高耸构筑物施工安全控制绩效评价结果更为准确，因此本书选用集对分析法进行高耸构筑物施工安全控制绩效的评价。

5.3.2 施工安全控制绩效评价指标权重设定

5.3.2.1 集对分析法

集对分析（set pair analysis，SPA）是由我国著名学者赵克勤提出的一种用同异反理论，主要对确定性及不确定性的问题进行定量分析的理论方法，该方法具有深远的影响与意义。它客观承认了问题的不确定性，并能够系统刻画以及对问题进行具体分析，因此其研究结果也就更加与实际情况相符合，能够有效地解决多目标决策、多属性评价的问题，该方法不仅应用于评价和管理之中，甚至在预测和规划等领域也得到了广泛的运用。

集对分析是在一定的问题背景下，对集对中 2 个集合的确定性与不确定性以及确定性与不确定性的相互作用所进行的一种系统和数学分析。通常包括对集对中 2 个集合的特性、关系、结构、状态、趋势，以及相互联系模式所进行的分析；这种分析一般通过建立所论 2 个集合的联系数进行，有时也可以不借助联系数进行分析。

这里说的集对，是指由两个有一定联系的集合结合构成的对子。集对分析方法的大体思路是：在一个明确的问题背景之下，对 A、B 两个集合组成的集对进行展开分析，然后得到了 N 个特性，这其中两个集合共有部分为 S 个，相对立的部分为 P 个，在剩余的 F 个特性关系上则为不确定，故两个集合的联系度为：

$$\mu = S/N + F_i/N + P_j/N = a + b_i + c_j \tag{5-3}$$

式中，a、b、c 分别称为同一度、差异度和对立度，且满足的数学关系为 $a+b+c=1$。i 和 j 不仅是差异度、对立度的标记，还代表差异度与对立度的系数，i 取值介于 $[-1，1]$，j 的取值则恒为 -1。通过联系度的表达式可以看出其体现了同一性、差异性、对立性三者的联系、影响与转化。比如当 $i=1$ 时，差异度此时转化为了同一度，同理当 $i=-1$ 时，差异度则转化为对立度，当 i 位于（$-1，1$）之间时，同一性与对立性则各占据了差异度的一定比例。由此可见，μ 与不确定系数 i 是集对分析的基石。因此，在评价过程中，对于同一、对立两种情况很容易确定联系度，评价中的核心是差异度系数的确定和联系度的确定。

该理论从一开始提出来就得到了各方关注，经过无数的丰富与发展，已经在电力风险、企业信用风险、自然灾害的风险、工程项目的风险、洪灾风险评价、投资风险评价等系统评价领域得到了各种各样的应用。在施工安全控制绩效评价中应用集对分析理论有以下几个优势：

（1）该理论能够客观承认实际，可以系统描述情况，并能做到定量刻画、具体分析，此外该理论还能客观承认事物的不确定性，通过把将要研究的对象的确定性和不确定性两个方面形成两个集合，再用联系度将两个集合联系起来计算，进而分析得出相应的结果；

（2）该理论能够从定量、定性两个方面相结合着手进行评价，有效地避免了片面应用主观或者客观评价的弱势；

（3）该理论最大的优势是既能从整体这个高度，又能从局部这个层次，对所要研究的对象的内在关系进行两方面研究。

5.3.2.2　区间层次分析法

层次分析法（analytical hierarchy process，AHP）是将定性与定量分析相结合的一种多目标决策分析方法，其主要思想是将复杂问题中的各因素，通过建立层次结构划分成相关联的有序层次。层次分析法大致步骤是首先两两比较要素，确定相同层次中不同要素的相对的重要性，再结合主观判断对各因素的相对重要性进行排序，然后计算出各指标的权重，进而给决策者的多方案决策提供依据，如图 5-5 所示。

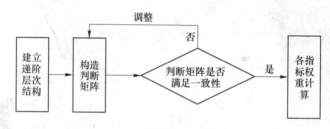

图 5-5　层次分析法权重计算步骤

直接利用层次分析法来确定高耸构筑物施工安全控制绩效评价指标的权重，存在一些不足。进行一致性检验时，若出现判断矩阵不满足一致性的情况时，需要重新构建对比矩阵，进行专家重新打分则很难操作。这一过程需要不断进行调整，较为烦琐且难度较大。由于采用的是 1~9 度精确值打分法，但存在专家对高耸构筑物施工的了解程度、安全控制绩效评价的主观判断的不确定性与随机性等情况，忽视了实际的模糊性。

为解决主观判断和决策属性的不确定性，发展形成了区间层次分析法（interval-based AHP，IAHP），其步骤与 AHP 类似，不同之处在于用区间数代替点值来构造判断矩阵，求解时则通过区间运算得到权重向量，原始数据和计算结果都用区间数形式表达，便于实现柔性决策。

5.3.2.3　GSPA-IAHP 主观赋权法

由前文可知区间层次分析法最终得到的权重不是某个具体的数值而是一个区

间数，即指标权重是在一定范围内浮动的，而这种浮动就代表了确定性与不确定性。本书通过引进 GSPA，运用同异反基本理论，将确定性与不确定性之间的关系作为研究对象，进而再对区间权重的不确定性进行处理。

该评价体系的指标权重是基于 GSPA-IAHP 主观赋权法制定的。首先通过专家对指标相对重要性进行比较并打分，对数据初步处理得出一致性数字判断矩阵 M 的权重向量，然后再进一步深入地研究与处理，最终得出子目标层的最终综合主观权重。

设高耸构筑物施工安全控制绩效评价指标中某一子目标层，其评价指标有 m 个，构成的集合为 $U=(s_1 \quad s_2 \quad \cdots \quad s_m)$，通过邀请 L 位专家，按照 AHP 的 $1\sim9$ 度评分法，互不干预地对指标 s_i 与 s_j 的相对重要性进行两两对比，进而得出第 k 位专家的比较区间结果为：

$$\widehat{A}_{ij} = ([\,a'_{ij} \quad a''_{ij}\,]) \tag{5-4}$$

既然是不同专家进行评分，因此就有可能出现两位专家评分不相容的情况，即

$$\widehat{A}_{ij}^{(p)} \cap \widehat{A}_{ij}^{(q)} = \Phi \tag{5-5}$$

这时就需要各位专家协商解决。由于各位专家自身的知识水平、擅长的工作领域和个人喜好等因素都不太一致，因此将各专家的权重记为 $W_{\mathrm{exp}} = [\,w_{\mathrm{er}}^{(1)} \quad w_{\mathrm{er}}^{(2)} \cdots \quad w_{\mathrm{er}}^{(n)}\,]$。综合指标判断区间的计算按照式（5-6）、式（5-7）进行。

$$a'_{ij} = \sum_{k=1}^{l} w_{\mathrm{er}}^{(k)} \cdot a_{ij}'^{(p)} \tag{5-6}$$

$$a''_{ij} = \sum_{k=1}^{l} w_{\mathrm{er}}^{(k)} \cdot a_{ij}''^{(p)} \tag{5-7}$$

用区间数判断矩阵表示为：

$$\widehat{A} = \begin{vmatrix} [1,1] & [\,a'_{12}, a''_{12}\,] & \cdots & [\,a'_{1m}, a''_{1m}\,] \\ \left[\dfrac{1}{a''_{12}}, \dfrac{1}{a'_{12}}\right] & [1,1] & \cdots & [\,a'_{2m}, a''_{2m}\,] \\ \vdots & \vdots & & \vdots \\ \left[\dfrac{1}{a''_{1m}}, \dfrac{1}{a'_{1m}}\right] & \left[\dfrac{1}{a''_{2m}}, \dfrac{1}{a'_{2m}}\right] & \cdots & [1,1] \end{vmatrix} \tag{5-8}$$

针对判断矩阵 $\widehat{A}$，那么可以通过互反性的一致性数字判断矩阵为 $M = (m_{ij})$ $m \times m$，其中，可以通过式（5-9）计算：

$$m_{ij} = \sqrt[2m]{\prod_{k=1}^{m} \frac{a'_{ik} a''_{ik}}{a'_{jk} a''_{jk}}} \tag{5-9}$$

判断矩阵 M 的权重向量为 $w = (w_1, w_2, \cdots, w_m)$，$w_j$ 可由下式计算：

$$w_j = \frac{\sqrt[2m]{\prod_{k=1}^{m} a'_{jk} a''_{jk}}}{\sum_{i=1}^{m} \sqrt[2m]{\prod_{k=1}^{m} a'_{jk} a''_{jk}}} \tag{5-10}$$

式中，$j=1$，2，$\cdots$，m。

利用区间数判断矩阵 $\widehat{A}$ 和上文计算得出的一致性数字判断矩阵 M，一次求得两端极差矩阵 $\Delta_1 M$ 和 $\Delta_2 M$ 即：

$$\Delta_1 m_{ij} = m_{ij} - a'_{ij} \tag{5-11}$$

$$\Delta_2 m_{ij} = a''_{ij} - m_{ij} \tag{5-12}$$

极差矩阵的权重按下式计算：

$$(\Delta_k w_j)^2 = \frac{1}{\left(\sum_{i=1}^{m} m_{ij}\right)^4} \sum_{i=1}^{m} (\Delta_k m_{ij})^2 \tag{5-13}$$

式中，$j=1$，2，$\cdots$，m。

由上式可计算评价指标 j 的权重为：

$$\widehat{w} = [(w_1^{(L)}, w_1^{(R)}), (w_2^{(L)}, w_2^{(R)}), \cdots, (w_m^{(L)}, w_m^{(R)})] \tag{5-14}$$

式中，$w_j^L = w_j - \Delta_1 w_j$，$w_j^R = w_j + \Delta_2 w_j$。

这时候引入 GSPA 理论，运用同异反基本理论，从这三个角度描绘评价指标的权重区间，处理施工安全控制绩效评价指标中的权重不确定性问题，然后再归一化处理，从而能够得到明晰的权重区间。

根据集对分析中的同异反理论，由于 $\widehat{w}_j \in [w_j^L, w_j^R]$，且 $\widehat{w}_j \in [0, 1]$，现将 $\widehat{w}_j$ 与区间 $[0, 1]$ 形成集对，则评价指标其同异反联系数可表示为：

$$u_j = a_j + b_j i + c j = w_j^L + (w_j^R - w_j^L)i + (1 - w_j^R)j \tag{5-15}$$

a_j 代表同一性，指的是指标 j 权重确定性能够达到的程度，$a_j = w_j^L$；

b_j 代表差异性，指的是指标 j 权重不确定性能够达到的程度，$b_j = w_j^R - w_j^L$；

c_j 代表差异性，指的是指标 j 权重确定不能够达到的程度，$c_j = 1 - w_j^R$。

接下来就分别从绩效评价指标联系数的确定性和不确定性两个方面，来得出评价指标权重的大小。

对于确定性部分，考虑到 a_j、$c_j \in [-1, 1]$，且 $a_j + c_j \leqslant 1$，则 $1 + a_j - c_j \in [0, 1]$。因此，$1 + a_j - c_j$ 的大小可以用来反映确定性部分的相对权重，归一化处理为：

$$(w_j)_{CE} = \frac{1 + a_j - c_j}{\sum_{k=1}^{m} (1 + a_j - c_j)} \tag{5-16}$$

对于不确定性，由于 b_j 越大，则被评价指标权重的不确定性越大，导致对权重区间确定的贡献越小。因此，可以通过运用 $1 - b_j$ 来表现评价指标不确定性区间的相对权重，则归一化处理为：

$$(w_j)_{\text{UNCE}} = \frac{1 - b_j}{\sum\limits_{k=1}^{m} 1 - b_k} \qquad (5\text{-}17)$$

综合指标权重的确定性与不确定性，给出评价指标的 GSPA-IAHP 综合主观权重的计算公式：

$$w_j = \frac{(.w_j)_{\text{CE}} \cdot (w_j)_{\text{UNCE}}}{\sum\limits_{k=1}^{m} \left[(w_j)_{\text{CE}} \cdot (w_j)_{\text{UNCE}} \right]} \qquad (5\text{-}18)$$

通过上式的计算，得出评价指标权重为 $w = (w_1, w_2, \cdots, w_m)$。

邀请 4 组熟悉高耸构筑物施工安全控制的专家分别对绩效评价体系中的各指标进行重要性比较，每组专家给出一个重要性判断结果。根据各组专家对高耸构筑物施工安全控制领域的工作经验长短、知识水平等，赋予各专家组权重为 $w = (0.3, 0.25, 0.2, 0.25)$。高耸构筑物施工安全控制绩效评价指标权重见表5-4。

表 5-4 高耸构筑物施工安全控制绩效评价指标权重

目标层	子目标层	权重 w_j	指 标 层	权重 w_{ij}
高耸构筑物施工安全管理绩效评价	结构安全控制 A	0.2155	结构设计的合理性 A_1	0.2641
			施工方案完整性 A_2	0.1962
			结构安全控制中心的建立 A_3	0.1706
			结构屈曲控制 A_4	0.1545
			混凝土强度检测 A_5	0.0910
			动态监测系统实施情况 A_6	0.0698
			结构安全控制专项措施 A_7	0.0538
	操作平台安全控制 B	0.2380	施工荷载布置 B_1	0.2431
			关键节点控制 B_2	0.2110
			架体材料质量安全性 B_3	0.0735
			架体安装质量检查 B_4	0.1435
			拆除安全控制 B_5	0.1245
			提升过程安全控制 B_6	0.0925
			操作平台安全控制专项措施 B_7	0.1118
	垂直运输系统安全控制 C	0.1768	稳定性控制 C_1	0.2321
			专项监测系统 C_2	0.1863
			运行环境安全监督 C_3	0.2136
			设备安全检查 C_4	0.1956
			垂直运输系统安全控制专项措施 C_5	0.1723

目标层	子目标层	权重 w_j	指 标 层	权重 w_{ij}
高耸构筑物施工安全管理绩效评价	事故管理 D	0.1261	危险因素辨识 D_1	0.2605
			安全生产责任制建立 D_2	0.1473
			日常安全检查 D_3	0.1854
			施工安全隐患排查 D_4	0.1708
			安全生产事故处理 D_5	0.1627
			安全生产应急救援演练 D_6	0.0732
	政策法规 E	0.1123	国家安全生产法规 E_1	0.2036
			地方安全生产法规 E_2	0.2482
			企业安全生产管理制度 E_3	0.2741
			重大危险源安全控制法规 E_4	0.2741
	安全教育 F	0.1314	三级教育 F_1	0.2519
			专项技术培训 F_2	0.1950
			培训强度 F_3	0.1841
			安全教育投入 F_4	0.1312
			安全教育考核 F_5	0.2377

5.3.3　施工安全控制绩效评价标准确定

　　高耸构筑物施工安全控制绩效评价体系融合了相关规范以及现场调研，具有理论联系实际、定量与定性相结合、适用性广等特点，可用于高耸构筑物建设项目的施工安全控制绩效评价。然而，高耸构筑物施工安全控制绩效尚未有一个统一的标准，一般来说，评价标准的确定是与评价体系相对应的。在实际施工中，评价人员利用该评价指标体系及控制标准对各分项指标进行判断并打分，结合指标权重计算得到施工安全控制绩效最终评价得分。

　　本评价模型中评价标准采取百分制。该体系指标评价标准是结合相关技术标准、行业规范中对评分项的技术控制要求后进行整合得到的，评价标准见表 5-5 ~ 表 5-10。

表 5-5　结构安全控制评价标准

序号	评 价 标 准		应得分数	扣减分数	实得分数
1	结构设计的合理性	结构设计中存在较多不明确的部分，扣 15 分；施工阶段未提出设计不合理部分，扣 10 ~ 15 分；未完善、整改不合理部分，扣 5 ~ 10 分	15		

序号		评 价 标 准	应得分数	扣减分数	实得分数
2	施工方案完整性	未按规定对专项方案进行专家论证，扣20分； 施工组织设计、专项方案未经审批，扣20分； 安全措施、专项方案无针对性或缺少设计计算，扣10~15分； 未按方案组织实施，扣10~20分	20		
3	结构安全控制中心的建立	未建立控制中心，扣15分； 控制中心未起到相应的作用，扣10分； 控制中心决策失误，扣10分	15		
4	结构屈曲控制	未进行结构屈曲验算，扣15分； 结构屈曲验算未通过，未采取相应措施，扣15分； 未进行屈曲验算，但采取相应措施控制结构屈曲，扣10分	15		
5	混凝土强度检测	未进行混凝土强度检测，扣10分； 混凝土强度不满足时，仍进行翻模，扣10分	10		
6	动态监测系统实施情况	未建立动态监测系统，扣15分； 动态监测点布置不合理，扣10分； 动态监测数据收集不全，扣10分； 监测仪器选择不当，每个扣5分	15		
7	结构安全控制专项措施	未设置专项措施，扣10分； 专项措施不合理，扣10分； 专项措施操作性低，扣5分	10		
检查项目合计			100		

注：施工方案是将脚手架的施工方案，以及模板支架、钢筋工程、混凝土工程等相应施工方案进行了整合后确立的；专项措施是针对控制内容的相关措施的归纳。

表 5-6 操作平台安全控制评价标准

序号		评 价 标 准	应得分数	扣减分数	实得分数
1	施工荷载布置	施工荷载超过设计规定值，扣15分； 施工荷载堆放不均匀，每处扣5分	15		
2	关键节点控制	未进行关键节点验算，扣20分； 关键节点验算未通过处，未进行整改的，扣20分； 未按照通过安全验算的角度进行安装，每处扣5分	20		
3	架体材料质量安全性	架体材料不满足要求，扣15分； 不合格架体仍继续使用，每处扣5分	15		

续表 5-6

序号		评 价 标 准	应得分数	扣减分数	实得分数
4	架体安装质量检查	未进行安装质量检查，扣15分； 安全质量检查不全面，扣5分	15		
5	拆除安全控制	未按照相关要求进行规范性拆除，扣10分； 拆除过程无安全员监督，扣5分	10		
6	提升过程控制	提升过程突变节点未验算，扣10分； 提升速度过快，表现出明显的不合理，扣5分； 提升过程整体性控制不到位，扣5分	10		
7	操作平台安全控制专项措施	未制定操作平台安全控制专项措施，扣15分； 专项措施不全面，扣10分； 专项措施较难操作，扣5分	15		
检查项目合计			100		

注：施工荷载是将脚手架，以及机具、人员、模板支架等中的施工荷载进行了整合而制定的。

表 5-7 垂直运输系统安全控制评价标准

序号		评 价 标 准	应得分数	扣减分数	实得分数
1	稳定性控制	未对不同工况下垂直运输设备进行稳定性验算，扣30分； 稳定性验算未通过，且未进行整改，扣30分； 使用过程中稳定性不足，但仍在使用，扣20分； 未进行稳定性验算，但采取相关措施，扣10分	30		
2	专项监测系统	未建立专项监测系统，扣20分； 专项监测系统存在制度缺陷，扣15分； 监测方案不合理，每处扣5分	20		
3	运行环境安全监督	未进行运行环境安全监督工作，扣15分； 发现危险隐患但未进行整改，每处扣10分	15		
4	设备安全检查	未进行设备安全检查，扣25分； 设备检查不全面，扣15分； 发现设备安全隐患但未整改，每处扣10分	25		
5	垂直运输系统安全控制专项措施	未制定安全控制专项措施，扣10分； 专项措施不全面，扣5分； 专项措施较难操作，扣5分	10		
检查项目合计			100		

注：施工荷载是将脚手架以及器具、人员、模板支架等中的施工荷载进行了整合再施加在架体之上的荷载。

表 5-8 事故管理评价标准

序号		评 价 标 准	应得分数	扣减分数	实得分数
1	危险源辨识	未建立危险源辨识制，扣 15 分； 危险源针对性不强，扣 10 分； 未定期进行危险源检查，扣 10 分	15		
2	安全生产责任制	未建立安全生产责任制，扣 30 分； 未制定各工种安全技术操作规程，扣 30 分； 未按规定配备专职安全员，扣 30 分； 工程项目部承包合同中未明确安全生产考核指标，扣 15 分； 未制定安全资金保障制度，扣 15 分； 未编制安全资金使用计划及实施，扣 10~15 分； 未制定安全生产管理目标（伤亡控制、安全达标、文明施工），扣 15 分； 未进行安全责任目标分解，扣 15 分； 未按考核制度对管理人员定期考核，扣 10~15 分； 安全生产责任制未经责任人签字确认，扣 10 分	30		
3	日常安全检查	未建立安全检查（定期、季节性）制度，扣 15 分； 未留有定期、季节性安全检查记录，扣 15 分； 日常安全检查不全面，扣 10 分	15		
4	施工安全隐患排查	事故隐患的整改未做到定人、定时间、定措施，扣 15 分； 对重大事故隐患整改通知书所列项目未按期整改和复查，扣 15 分； 发现安全隐患，但未进行上报，扣 10 分	15		
5	安全生产事故处理	生产安全事故未按规定报告，扣 15 分； 生产安全事故未按规定进行调查分析处理，制定防范措施，扣 10 分； 未办理工伤保险扣 15 分	15		
6	安全生产应急救援	未制定安全生产应急预案扣 10 分； 未建立应急救援组织、配备救援人员扣 10 分； 未配置应急救援器材扣 10 分； 未进行应急救援演练扣 5 分	10		
检查项目合计			100		

注：安全生产责任制是将安全控制中的安全生产责任制和分包单位安全控制相结合而制定的。

表 5-9   政策法规评价标准

序号	评价标准		应得分数	扣减分数	实得分数
1	国家安全生产法律法规	违反国家安全生产法律法规，每处扣 5 分	30		
2	地方安全生产法律法规	违反地方安全生产法律法规，每处扣 5 分	30		
3	企业安全生产管理制度	违反企业安全生产管理制度，每处扣 5 分	25		
4	重大危险源安全控制法规	违反重大危险源安全控制法规，每处扣 5 分	25		
	检查项目合计		100		

注：国家地方安全生产法律法规主要指国家和地方对安全控制的法律法规及政策；

企业安全生产管理法规主要指的是企业的相关法规，如《建筑施工企业安全生产管理规范》；

重大危险源安全控制法规，结合了危险源相关法规，如《危险性较大的分部分项工程安全控制方法》。

表 5-10   安全教育评价标准

序号	评价标准		应得分数	扣减分数	实得分数
1	三级教育	未进行三级教育，扣 30 分 三级教育未全面覆盖，扣 20~25 分 三级教育内容不够充分，扣 10 分	30		
2	专项技术培训	未进行专项技术培训，扣 20 分 专项培训欠缺部分项目，每处扣 5 分	20		
3	安全教育投入	安全教育投入资金不到位，扣 25 分 安全教育资金被挪用，扣 20 分	25		
4	培训强度	培训强度远低于正常水平，扣 10~15 分	15		
5	安全教育考核	未进行安全教育考核，扣 15 分 安全教育考核较为简易，扣 10 分	15		
	检查项目合计		100		

该模型将施工安全控制绩效评价等级分为三个等级：当得分在 80 分及以上时，等级为优良；当得分在 80 分以下、70 分及以上时为合格；当最终得分低于 70 分时，评定为不合格。

5.4   高耸构筑物施工安全控制改进决策

在高耸构筑物施工现场有众多因素制约着施工安全控制工作的开展。施工企业一直致力于提升项目安全控制水平，但是受资金、技术、人员等因素的限制，同时对所有指标进行逐项改进难度较大，这便需要选择方便有效的方法在施工安全控制绩效评价指标体系中确定优先改进项。本节主要研究优先改进项的确定方法与思路，可据此制定高耸构筑物施工安全控制绩效提升策略。

5.4.1　施工安全控制改进内涵

施工安全控制改进是对生产过程中涉及计划、组织、监控、调节和改进等一系列致力于满足生产安全所进行的管理活动进行方案改进与优化的过程，使其更趋于达到安全施工的目标。

高耸构筑物施工安全控制改进的目标是减少和消除施工过程中的安全事故，保证人员安全和财产免受损失。具体可包括：减少或消除人的不安全行为的目标、减少或消除设备及材料的不安全状态的目标、改善生产环境和保护自然环境的目标。高耸构筑物的施工安全控制改进具有复杂性、多样性、协调性等特点。

（1）复杂性。指建筑施工生产的流动性及其受外部影响因素多，决定了工程项目安全与环境管理的复杂性。

（2）多样性。高耸构筑物的多样性和生产的单件性决定了安全与环境管理的多样性。主要体现在不能按同一图纸、同一施工工艺、同一生产设备进行批量重复生产；施工生产组织及机构变动频繁，生产经营的"一次性"特征特别突出。

（3）协调性。建筑产品不能像其他许多工业产品那样可以分解为若干部分同时生产，而必须在同一固定场地按严格程序连续生产，上一道工序不完成，下一道工序不能进行。

（4）持续性。高耸构筑物项目从立项到投产使用要经历项目可行性研究阶段、设计阶段、施工阶段、竣工验收和试运行阶段。每个阶段都要十分重视项目的安全和环境问题，持续不断地对项目各个阶段可能出现的安全与环境问题实施管理。

高耸构筑物施工安全控制改进流程如图 5-6 所示。

5.4.2　改进决策方法选择

高耸构筑物施工安全控制绩效可采用的方法很多，主要分为两类：基于概率理论的评价方法（事故树理论等）和基于检查表的数学处理方法（IPA、PHA、模糊理论、神经网络等）。这里对其中主要的一些方法进行分析。

（1）事故树理论。事故树是一种以逻辑分析为基础，将各类事故依次设为节点，按照结果出发寻找导致事故原因的原则，进行事故安全风险分析。主要通过建立一种描述事故因果关系的有向"树"，将事故风险形成的原因按照树枝的形状由总体到部分进行逐级划分，分析风险产生的因果关系，并找出导致事故的基本风险因素和因素的组合，或是保证顶上事件不发生的方法组合，以便后期制定相应的安全对策措施。该方法的缺点就是花费的人力和时间很多，若发生遗漏

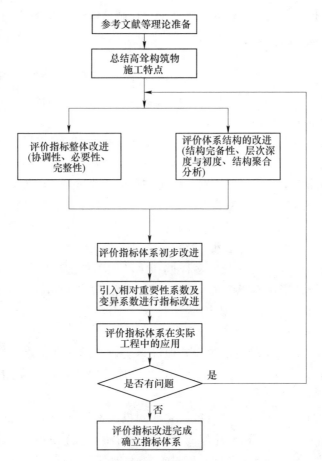

图 5-6 高耸构筑物施工安全控制改进流程

或推理失误，结果的可信度不容易控制。

（2）神经网络理论。20 世纪 80 年代中后期，人工神经网络（artificial neural networks，ANN）理论发展起来，它是由大量神经元互联组成，模拟大脑神经处理信息的方式并对信息进行并行处理和非线性转换的复杂网络系统。由于神经网络具有很好的非线性问题处理、多维性问题处理的优势，被广泛应用于经济、金融等领域。与其他方法相比，BP 神经网络在处理多维的、非线性的、复杂的问题具有一定的优势，但相对较为复杂。其中人工神经网络法，是模仿人脑处理信息来处理问题，相连神经元集合不断从环境中学习，捕获本质线性和非线性的趋势，并预测包含噪声和部分信息新情况。这种方法网络自适应能力强，能够处理非线性、非局域性、非凹凸性的复杂系统。

（3）重要性-绩效分析法。重要性-绩效分析法（important-performance analysis，IPA），最早是由 Mantilla 和 James 于 1977 年提出的，用于评价市场营销项目的有效性，如今被推广应用于其他研究领域。

IPA方法主要可以分为两个部分：首先通过问卷调查，收集被访者（如顾客）对于所调查对象的各指标的重要性和实际感知的评价值，本书采用的是专家打分法，即问卷发放的对象是从事该领域或者某一项目的专业人员。并对所有被访者的评价值进行收集，求得所有被访者对各指标重要性和实际感知的平均评价值，在此基础上，对各指标重要性和实际感知的平均评价值进行集结，计算出指标重要性均值和绩效均值。此项内容在5.2节、5.3节中完成，得到了各项指标的权重与分值。然后，分别用 x 轴表示指标的权重值（重要性），用 y 轴表示相应指标的实际绩效，构成一个二维的 IPA 矩阵图，利用计算得到的指标权重均值和绩效均值将二维矩阵图划分为四个象限，如图5-7所示。

IPA方法具有以下优点：IPA以被访者的感知及需求为基础，强调了项目与被访者感知及需求的配合；IPA方法不以精确的绝对数字作为排序或评价的结果，而是以被调查对象的指标所处的区域作为评价结果；IPA方法具有较强的决策导向性，其分析结果可直接用于决策，帮助找出项目存在的问题，并确定其改进的优先顺序。

图5-7 IPA模型

但是对处于同一区域内的指标，无法从 IPA 模型中准确得到改进的优先顺序，所以需要新的方法来对同一区域内的指标的改进优先顺序进行详细的分析。

5.4.3 改进决策模型建立

5.4.3.1 沙桶模型（SBM）

木桶原理认为一只木桶所能容纳的水量取决于最短的那块木板，而非最长的那块木板。若将水换成沙，则会出现不同的现象。沙与水存在质的区别，沙子颗粒间的摩擦力较大，在木桶内形成的面不会是水平的而是一个"斜面"，这个斜面的最高点高于最短木板，最低面与木桶最低板同高。这便与水在木桶中的状态形成了对比。这与高耸构筑物施工安全有相似之处，各个因素之间相互关联，但又对彼此不起决定性作用，各因素之间相互"咬合"，最终形成沙桶。

然而，与木桶装水不同，木桶装沙量的多少，不仅取决于最短的木板长度，还取决于最短木板的宽度。根据实际情况，发现当最短板长度相同时，短板越窄，木桶所能装的沙越多；同时，若提高宽度不同而长度相同的最短板时，则提高较窄的最短板，木桶能装的沙量大于提高较宽的最短板。

笔者从沙桶现象中得到了重要启示，利用 IPA 方法和沙桶模型来确定高耸构筑物施工安全控制绩效各项指标在提升过程中的优先级。

沙桶模型中以组成"桶"的每块板表示每个指标；以每块板的长度表示指标的得分；以每块板的宽度表示指标权重大小。

5.4.3.2　IPA 方法

IPA 方法的核心是以高耸构筑物施工安全控制绩效指标的权重大小为横轴，绩效得分为纵轴建立的坐标系。将指标权重与绩效得分均值作为分界点划分 4 个象限：第一个象限为"影响优势"，该象限的指标具有权重高、得分高的特点，是施工安全控制绩效需要持续保持的指标部分；第二个象限为"保持现状"，该象限的指标权重较低但绩效得分较高，无需再投入较多的资源，只需保持现状即可；第三个象限为"其次改进"，该象限的指标权重较小而且绩效得分较低，需要进行提升但紧迫性不强；第四个象限为"优先改进"，该象限的指标权重大但是绩效得分却较低，往往是需要得到优先提升的指标。

指标分类就是在前文分析的基础上，根据 IPA 原理建立起坐标系，即完成了指标分类。在完成指标分类之后，还需确定各个象限内指标的优先提升顺序。因此本书采用 SBM 沙桶模型完成指标的优先排序。绩效提升过程中指标的优先级与各个指标的权重呈正相关，也与指标影响范围呈正相关，但是与指标得分高低呈负相关。

根据上述分析，建立绩效提升指标优先级排序模型如下式所示：

$$P_k = w_i \sum_{j=1}^{100} \frac{n_j}{j} \tag{5-19}$$

式中　P_k——指标提升的重要度；

　　　　k——图 5-6 中绩效评价体系指标层中的指标；

　　　　w_i——指标 X_i 的权重大小；

　　　　j——指标 X_i 的得分，$j = 1 \sim 100$；

　　　　n_j——给定指标 X_i 得分为 j 的人数。

P_k 的值越大，所对应指标的提升优先级越高。根据 P_k 的值进行象限内指标排序，可以得到优先提升项。在"优先改进"象限，各个指标均需得到改进，但是往往受限于项目或企业的资金与技术支持，无法同时进行多项指标的提升，这一模型即可为项目或企业提供提升优先项的选择。

6 钢筋混凝土冷却塔施工安全控制案例

6.1 钢筋混凝土冷却塔项目概况

6.1.1 施工环境

某电厂地处陕西南部,地理位置属暖温带半湿润季风气候区,四季分明,春暖秋爽,夏炎冬寒,具有明显的大陆性气候特征。历年主导风向为 E,其中夏季主导风向 E,冬季主导风向 E、ESE。本期建设规模为 2×660MW,冷却塔的结构设计使用年限为 50 年。

本工程为一座自然通风冷却塔,淋水面积为 9000m²。冷却塔剖面图如图 6-1 所示,冷却塔主要结构信息见表 6-1。

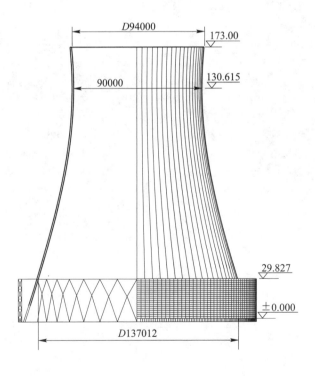

图 6-1 本项目冷却塔立面图

表 6-1　冷却塔主要结构信息

塔顶标高	173.000m	出口直径	94.000m
喉部标高	130.615m	喉部直径	89.800m
进风口高度	29.827m	进风口直径	137.012m
最小壁厚	0.240m	最大壁厚	1.700m

该项目塔高 173.000m，淋水面积 9000m^2，属超高超大型冷却塔，技术要求高，施工安全控制难度大。

筒壁采用附着式三角架翻模法施工，模板、钢筋、混凝土施工均在三角架搭成的操作平台上及悬挂在三角架上的 A 型吊栏中进行。模板分 3 层，每层模板斜长 1500mm，分别利用三角架支撑模板进行施工，如图 6-2（a）所示。

筒壁施工时共设置两台塔吊、一座液压顶升平桥及附着式施工电梯一部，塔吊主要进行施工材料垂直运输，电梯主要用于施工人员上下操作平台，在液压顶升平桥旁布置一台拖泵，用于筒壁混凝土浇筑供料，如图 6-2（b）所示。

(a)　　　　　　　　　　　　　　(b)

图 6-2　施工现场
（a）三角架操作平台；（b）液压顶升平桥及施工电梯

6.1.2　施工资源配置

6.1.2.1　施工器材配置

本项目采用悬挂三角架翻模技术进行塔身施工。所采用的翻模设备是施工企业自行设计的新型三角架。塔中心、塔外各布置一台上回转自升式塔式起重机，最大起重量80t。同时在现场配置2辆TG-500E型汽车吊。为实现施工安全监测，同时配置相应数量的监测仪器。施工中需要的主要器材配置见表6-2。

表6-2 主要器材配置表

序号	器械名称		型号	单位	数量	用 途
1	机械	液压顶升平桥	YDQ20.8	座	1	钢筋、混凝土垂直运输
2		施工电梯	SC200/200B	部	1	人员上下用
3		翻模体系	自制	套	1	塔筒施工
4		塔吊	SCM-M2400	座	2	垂直运输用
5		汽车吊	TG-500E	辆	2	材料吊装
6	仪器	全站仪	拓普康	台	2	塔筒、垂直运输设备监测
7		经纬仪	J2-2	台	2	塔筒、垂直运输设备监测
8		水准仪	DS3-Z	台	2	塔筒、垂直运输设备监测
9		激光垂直仪	—	台	1	塔筒监测
10		对讲机	—	部	12	上下电梯与指挥吊车用
11	安全材料	安全网	阻燃型	m²	8000	安全防护
12		吊架	φ16	个	1000	塔筒施工
13		安全网挂钩	φ12	个	1200	固定安全网
14		走道板	30×300×4000mm	m³	45	塔筒施工

6.1.2.2 人力资源配置

（1）施工组织机构。项目经理部由项目经理、项目总工、项目副经理、安全监察科、工程质量科、物资供应科、综合办公室等组成，如图6-3所示。

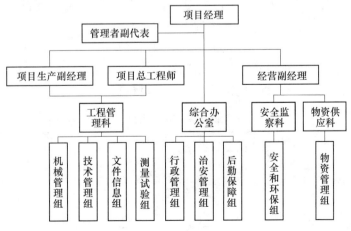

图6-3 施工组织机构

项目安全监察科基于智慧工地平台建立施工现场人员实名制平台，该平台旨在禁止外来人员进入施工现场，实现现场封闭式管理。针对特殊工种信息维护、证书到期预警提醒。通过系统平台，进行现场安全教育登记，未进行安全教育的人员禁止进入施工场地。通过劳务实名制平台掌握项目现场劳务人数、工种配比、年龄分布、出勤工时等信息。

（2）劳动力配置。为在规定的计划内完成塔筒施工，2017 年项目部每月投入劳动力配置见表 6-3。

表 6-3   项目部每月劳动力配置

月份 工种	2017 年											
	1	2	3	4	5	6	7	8	9	10	11	12
木工	35	35	35	35	36	36	36	33	32	30	26	21
钢筋工	25	25	25	25	26	26	26	25	23	20	18	14
混凝土工	28	28	28	28	30	30	30	28	25	21	19	16
架子工	12	12	12	12	12	12	12	10	10	10	10	8
钳铆工	6	6	6	6	6	6	6	6	5	5	4	4
电工	2	2	2	2	2	2	2	2	2	2	2	2
测量工	2	2	2	2	2	2	2	2	2	2	2	2
电焊工	12	12	12	12	12	12	12	12	12	12	12	12
操作工	8	8	8	8	8	8	8	8	8	8	8	8
驾驶员	4	4	4	4	4	4	4	3	3	3	2	2
起重工	8	8	8	8	8	8	8	8	8	8	8	6
合计	142	142	142	142	146	146	146	137	130	121	111	95

从每月劳动力的投入量中可以发现钢筋混凝土冷却塔施工项目一次投入劳动力多且存在大量的交叉作业。现场施工人员同时大量存在意味着安全管理难度大，其中 5~7 月的劳动力投入量最多，达到 146 人。

（3）施工进度计划。本工程计划工期为 2017 年 1 月 10 日~11 月 20 日，其中筒壁施工共需 244d，筒身施工进度计划见表 6-4。

表 6-4   钢筋混凝土冷却塔筒身施工进度计划表

单位工程项目及施工部位名称	开始时间	完成时间
环梁施工（第 1 节）	2017.04.10	2017.05.15
环梁施工（第 2 节）	2017.05.16	2017.05.20
环梁施工（第 3 节）	2017.05.21	2017.05.25
筒壁（第 4 节）	2017.05.26	2017.05.30
筒壁（第 5 节）	2017.05.31	2017.06.02

单位工程项目及施工部位名称	开始时间	完成时间
筒壁（第 6 节）	2017.06.03	2017.06.05
筒壁（第 7 节）	2017.06.06	2017.06.08
筒壁（第 8 节）	2017.06.09	2017.06.12
体系组装和架子拆除	2017.06.13	2017.06.22
筒壁（9~10 节）	2017.06.23	2017.06.26
筒壁（11~15 节）	2017.06.27	2017.07.04
筒壁（16~20 节）	2017.07.05	2017.07.14
筒壁（21~30 节）	2017.07.15	2017.07.25
筒壁（31~57 节）	2017.07.26	2017.08.25
筒壁（58~84 节）	2017.08.26	2017.09.25
筒壁（85~112 节）	2017.09.26	2017.10.25
筒壁（113~125 节）	2017.10.26	2017.11.08
筒壁（126 节）	2017.11.09	2017.11.10
筒壁上环梁	2017.11.11	2017.11.15
筒壁爬梯	2017.11.16	2017.11.20

6.2 施工安全控制

项目部通过构建施工安全控制体系，划分各部门职责，确定主要管理对象，并制定相应的施工专项措施，进行施工动态监测，确保冷却塔施工安全。

6.2.1 施工现场安全控制体系

项目根据施工安全管理系统整体模型所得出的安全状态变量、安全决策变量以及辅助变量确定冷却塔施工安全的控制内容，形成以项目部、施工班组、监理部门为一体的施工安全控制中心，构建全新的施工安全控制体系，如图 6-4 所示。

项目部所建立的施工安全体系，形成以项目经理为首的现场施工行政保证体系，以安监科长为首的安全监察体系，以项目总工为首的安全技术保证体系。项目部设置安监部，配备专职安全管理人员，建立三级安全监督管理网络，各施工队设专职安全员，施工班组设兼职安全员。通过层层落实各级安全岗位责任制，强化安全生产达标管理工作。

危险源辨识是项目安全管理的控制主线。项目总工、安监部门、工程部及员工代表对该项目作业活动中涉及的危险源进行辨识，形成项目《重大危险源清

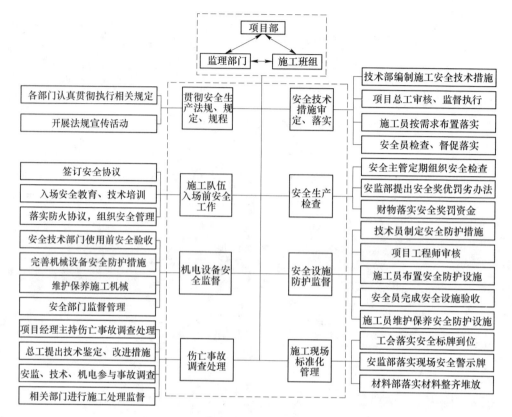

图 6-4 项目施工现场安全控制体系

单》，见表 6-5，并形成责任标牌张贴于项目宣传区。

表 6-5 重大危险源清单

作业活动	序号	危害因素	可导致事故	控制措施
三脚架翻模体系	1	超负荷堆载	局部失稳体系倒塌	要求物料随用随吊，不能集中堆置
	2	向下或向上抛物	物体打击	禁止抛扔物件
	3	扣件不合格断裂	物体打击	要求施工人员注意挑选
	4	钢管对接处未加扣件	影响架子整体稳定性	加强检查监督
	5	脚手板铺设未绑扎，有探头板	物体打击	要求施工人员注意管理人员检查
	6	强度不足拆模	模板倒塌	拆模前试压同条件试块
	7	上下交叉作业	高空打击	严禁上下交叉作业

续表6-5

作业活动	序号	危害因素	可导致事故	控制措施
三脚架翻模体系	8	高处作业人员的手头工具系挂不牢；随意从高处抛掷物品	高处落物	高处作业人员的手头工具要系挂牢固；不得随意从高处向下抛掷各种物品
混凝土工程	1	骨架支撑不牢固	坍塌	检查并可靠加固
	2	模板未可靠固定	坍塌	严格按方案执行并检查落实情况
	3	模板大面积拆除	坍塌	严禁大面积拆除
高空作业	1	未设防护栏杆或防护不全	高处坠落	检查并加设
	2	作业面脚手板绑扎不牢	高处坠落	检查并绑扎
车辆操作	1	刹车失灵	机械伤害	车辆应定期检修
	2	操作人员无证上岗	机械伤害	机动车操作人员必须持证上岗
	3	车速过快	机械伤害	在施工现场必须遵守现场的限速要求
	4	乱指挥、起吊方式错误、信号不明、起吊绳索毁坏	起重伤害	施工前严格检查起吊所用器具，由专业人员统一指挥，非施工人员严禁入内
	5	泵车无人指挥作业	机械伤害	操作由专业人员进行，并由专人指挥
电火焊作业	1	非电工操作	触电或设备损坏	要求非电工不得操作
	2	配电箱未设漏电装置	触电	施工前检查并加设
	3	未设漏电装置	触电	施工前检查并加设
	4	超负荷运行	设备损坏	要求严禁超负荷运行
	5	操作人员防护不全	人身伤害	防护用品必须佩带齐全
	6	气瓶间距及距离明火距离不足	爆炸	严格遵守安全规定
	7	乙炔瓶回火装置失效	爆炸、火灾、人身伤害	氧气、乙炔的回火装置应定期检查
	8	焊接烟气对人体伤害	职业病危害	每年对焊接人员进行健康检查

根据施工进度安排与劳动力配置，施工周期内，每月投入劳动力在 90~150 人之间，相对于钢筋混凝土冷却塔狭小的施工空间，人员分布密度大，形成危险源集聚，为掌握操作人员在场内工作状态及分布特征，确保人员安全，建立基于智慧工地管理平台的人员实名制系统，如图 6-5 所示。

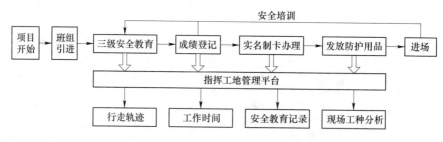

图 6-5 施工现场人员实名制系统

根据施工人员身份证所采集到的数据进行实名制登记，入场前必须接受安全教育且数据入库，结合监控、门禁、手持安全教育培训终端，从根本上保证了安全教育全员覆盖。同时，手持安全教育培训终端可记录工人的不安全行为，如现场抽烟、高空作业不系安全带等，进而降低了安全事故的发生率。

6.2.2 塔身施工安全控制

塔身结构安全是钢筋混凝土冷却塔施工项目安全的基础。在施工中需要采取多种措施控制塔身结构安全，其中塔身壁厚以及半径偏差通常是施工单位控制的重点。

本项目塔身施工通过中心吊盘控制塔身半径偏差。中心吊盘一般在筒壁施工到 6~7 节时开始组装，吊盘通过紧绳器组装固定在最下层操作平台上，随着悬挂脚手架上翻。采用对称的四个挂钩并用细钢丝绳将吊盘吊起，在吊盘上悬挂经检测合格的 6 把 100m 钢卷尺，以测定标高和半径。

中心测量采用激光对中方法，吊盘通过设于中央竖井上的紧线器及悬挂于门架上的导向滑轮来调节，吊盘上设对中靶，在每节筒壁支模前用竖直仪进行对中，如图 6-6 所示。

塔筒壳体的几何尺寸按现行国家标准《双曲线冷却塔施工与质量验收规范》（GB 50573—2010）规定，允许偏差项目检查的数量不应小于 10 处，半径允许误差为+20~−5mm，壁厚允许误差为+10~−5mm。

以 1 号冷却塔为例，共设置 24 个测点，测点位置如图 6-7 所示。

塔身施工至 123.037m、124.536m、126.035m、127.534m 时，半径偏差及塔身壁厚偏差控制监测数据见表 6-6。

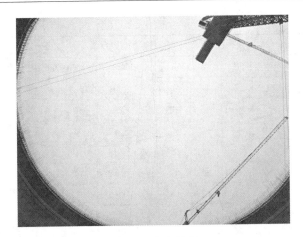

图 6-6 中心吊盘

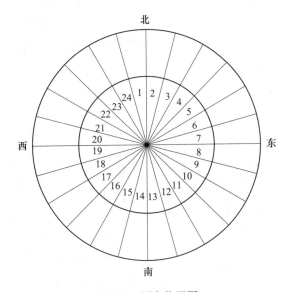

图 6-7 测点位置图

表 6-6 翻模施工塔身实测记录

序号	实 测 内 容											
		塔身标高		123.037m		设计半径		45.229m		设计壁厚		240mm
1	测点	1	2	3	4	5	6	7	8	9	10	11	12
	半径偏差/mm	+8	+4	+5	+16	+4	+2	+5	+8	−3	+5	−8	+9
	壁厚偏差/mm	+3	+13	+0	+3	+5	+3	+5	+3	+2	+5	+12	+4
	测点	13	14	15	16	17	18	19	20	21	22	23	24
	半径偏差/mm	+10	−7	+3	+0	+4	−3	+6	+5	+13	+5	−10	+5
	壁厚偏差/mm	+8	+8	+3	+6	+5	+2	+3	+3	+2	+6	+2	+4

序号	实测内容												
2	塔身标高	124.536m		设计半径		45.197m		设计壁厚		240mm			
	测点	1	2	3	4	5	6	7	8	9	10	11	12
	半径偏差/mm	−7	+10	+5	+0	+5	−3	+16	−4	+12	+5	−9	+5
	壁厚偏差/mm	+0	+4	+3	+0	+5	+2	+4	+1	+5	+3	+0	+5
	测点	13	14	15	16	17	18	19	20	21	22	23	24
	半径偏差/mm	+9	+5	+6	+3	+0	+2	+14	+5	−2	+5	−5	+5
	壁厚偏差/mm	+3	+13	+2	+3	+4	+3	+5	+3	+12	+5	+2	+4
3	塔身标高	126.035m		设计半径		45.173m		设计壁厚		240mm			
	测点	1	2	3	4	5	6	7	8	9	10	11	12
	半径偏差/mm	+0	+2	+5	+5	+10	−3	+5	−5	+12	+5	−7	+5
	壁厚偏差/mm	+4	+3	+3	+4	+2		+4	+12	+5	+3	+2	+5
	测点	13	14	15	16	17	18	19	20	21	22	23	24
	半径偏差/mm	+2	+3	+4	+3	+0		+5	+5	+11	+5	−2	+5
	壁厚偏差/mm	+3	+4	+2	+4			+5	+3	+2	+5		+4
4	塔身标高	127.534m		设计半径		45.155m		设计壁厚		240mm			
	测点	1	2	3	4	5	6	7	8	9	10	11	12
	半径偏差/mm	+13	+8	+4	+6	+0	+6	+0	+16	+15	+12	−2	+8
	壁厚偏差/mm	+2	+1	+2	+5	+4	+1	+5	+0	+2	+6	+5	+4
	测点	13	14	15	16	17	18	19	20	21	22	23	24
	半径偏差/mm	+11	+14	+15	+8	+0		+5	+9	−5	+5	−5	+5
	壁厚偏差/mm	+5	+2	+0	+3	−9	+3	+5	+8	+8	+3	+2	+4

根据上表及塔身质量控制标准，该标高区间内存在半径偏差 6 处，壁厚偏差 5 处。存在偏差较少，满足要求，塔身结构安全控制效果显著。

6.2.3 施工现场安全管理

能否实现安全生产既关系到人员安全，也决定着项目能否顺利施工，在施工过程中，必须采取切实有效的措施加强施工安全管理，确保施工安全目标的实现。为了预防安全事故的发生，施工单位从以下几方面进行施工现场安全管理。

（1）加强施工安全制度建设。在施工过程中，施工单位始终以"安全第一、预防为主"为安全生产方针，认真执行各项规章制度，保证施工人员安全作业与健康，防控各类伤害事故，促进企业生产经营工作的稳步发展，并制定了多项施工安全管理办法、工作制度等，例如《安全管理工作例会制度》《安全设施标准化管理规定》《安全器具、劳动防护用品管理办法》《安全生产管理办法》《安全生产管理检查规定》《安全生产教育培训管理规定》《安全生产事故隐患排查治理实施细则》《安全生产责任制考核办法》《施工分包安全管理规定》《重大危险源管理规定》等。

（2）机械设备定期安全检查和维护。该项目钢筋混凝土冷却塔施工所选用的大型设备为两台塔式起重机、一座液压顶升平桥及一部附着式施工电梯。垂直运输设备对于钢筋混凝土冷却塔施工的作用举足轻重，其安全运行将直接影响安全生产和施工进度。在施工过程中，要重视设备安全检查，及时维修和保养，确保设备完好率。

（3）组织安全教育培训。开工前，主管安全教育的部门根据该项目特点制定安全生产教育计划，明确施工过程中安全教育培训的任务及目标。在具体实施过程中，施工单位应明确安全培训内容、培训对象、培训时间等。

对于施工管理人员，施工单位要求项目负责人、专职安全管理人员必须参加政府主管部门举办的安全"三类人员"培训课程，并在取得安全资格证书之后方可上岗，并且必须参加省级建设主管部门组织的继续教育，按时进行延期复审。

要求新入职劳务人员进行不少于72学时的安全教育培训，并形成"三级安全教育登记卡"，教育结束后由项目安监部门负责组织考试，合格后方可进入岗位。安全教育培训内容涉及国家有关安全生产管理的方针政策、公司及项目安全施工管理的规章制度、钢筋混凝土冷却塔施工特点及主要危险部位、安全施工防护和起重机械安全知识、本行业伤亡事故典型案例、危险源辨识教育、应急预案及急救知识教育等。

同时，为保证安全教育培训不间断、有监督地进行，在施工项目现场设置安全生产宣传教育活动签到卡，由安全检查科负责施工安全宣传教育登记表和记录表的管理，并形成相应登记台账。

（4）事故隐患排查。项目将事故隐患排查治理纳入日常安全管理工作中，并形成安全事故闭环管理，如图6-8所示。

结合项目的常规施工任务、专项施工和监督检查活动进行排查、发现事故隐患工作，主要工作包括制定年度重大危险作业预控计划、定期安全检查、专项安全检查、日常巡查、高危项目过程监护，并且企业本部定期进行安全环境检查；项目部进行日常安全隐患巡查，由各级监护责任人负责高危项目过程监护；公司事业部负责专项安全检查。

在该项目钢筋混凝土冷却塔的施工过程中，建立施工安全控制体系，进行塔身施工安全控制与施工现场安全管理，在结构安全控制、安全教育培训、事故预防等方面取得了良好的效果。

通过多层级安全教育培训，管理和施工人员的安全意识得到了很大的提升，

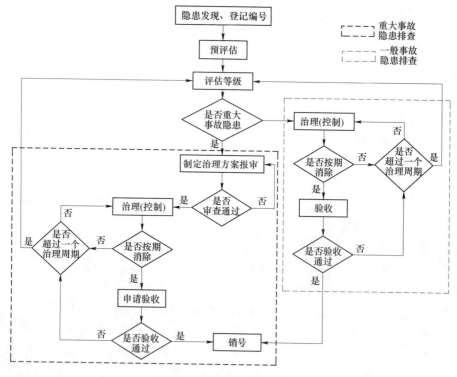

图 6-8 事故隐患排查流程图

增加了对各个施工环节安全问题的注重程度。

通过事故隐患排查与危险源预估，排除了一些施工中难以发现的安全隐患，预先做好安全防护准备。例如在塔身施工中，通过对悬挂三角架施工危险源辨识和事故隐患检查，及时排除了易导致安全事故的情况。

同时，此次施工安全管理中对危险源的认识、分析得到补充和完善，增加了原有企业危险源数据库的信息量。

6.3 施工安全控制评价

6.3.1 施工安全管理绩效评价

当施工至塔身标高 127.534m 时进行施工安全管理绩效评价。首先由项目经理、项目总工程师、安监科科长、项目监理四名熟悉项目施工安全管理的人员，基于钢筋混凝土冷却塔施工安全管理绩效评价指标体系在施工现场检查与施工安全相关工作的实施情况，然后参考施工安全管理绩效评价控制标准进行评价打分，最后利用钢筋混凝土冷却塔施工安全管理绩效评价模型进行评价。四名工作人员的检查及评价打分过程均独立完成，且视其评价权重相同。施工安全管理绩效评价结果见表 6-7。

表6-7 施工安全管理绩效评价结果

目标层	子目标层	分值	指 标 层	工作人员				均值
				I	II	III	IV	
钢筋混凝土冷却塔施工安全管理绩效评价	结构安全控制 A	11.45	结构设计的合理性 A_1	9	8	9	10	9
			施工方案完整性 A_2	20	10	10	10	12.5
			结构安全控制中心的建立 A_3	15	15	5	15	12.5
			塔身屈曲控制 A_4	15	15	15	15	15
			混凝土强度检测 A_5	10	10	10	10	10
			动态监测系统实施情况 A_6	15	10	5	15	11.25
			结构安全控制专项措施 A_7	10	5	10	10	8.75
	操作平台安全控制 B	12.81	施工荷载布置 B_1	10	15	15	10	12.5
			关键节点控制 B_2	20	20	20	15	18.75
			架体材料质量安全性 B_3	15	10	10	15	12.5
			架体安装质量检查 B_4	15	15	15	10	13.75
			拆除安全控制 B_5	10	5	10	10	8.75
			提升过程安全控制 B_6	5	10	5	5	6.25
			操作平台安全控制专项措施 B_7	15	10	10	10	11.25
	垂直运输系统安全控制 C	14.31	稳定性控制 C_1	30	30	30	30	30
			专项监测系统 C_2	15	5	5	5	7.5
			运行环境安全监督 C_3	15	5	15	15	12.5
			设备安全检查 C_4	15	15	5	10	11.25
			垂直运输系统安全控制专项措施 C_5	5	10	5	5	6.25
	事故管理 D	13.71	危险因素辨识 D_1	15	15	15	15	15
			安全生产责任制建立 D_2	30	20	20	25	23.75
			日常安全检查 D_3	15	15	5	5	10
			施工安全隐患排查 D_4	5	5	5	15	7.5
			安全生产事故处理 D_5	15	15	15	15	15
			安全生产应急救援演练 D_6	10	10	10	10	10
	政策法规 E	17.94	国家安全生产法规 E_1	20	25	15	20	20
			地方安全生产法规 E_2	20	20	15	25	20
			企业安全生产管理制度 E_3	15	10	15	15	13.75
			重大危险源安全管理法规 E_4	20	20	15	20	18.75
	安全教育 F	17.98	三级教育 F_1	30	20	20	30	25
			专项技术培训 F_2	10	10	15	15	12.5
			培训强度 F_3	25	25	25	25	25
			安全教育投入 F_4	15	11	12	13	12.75
			安全教育考核 F_5	15	5	15	15	12.5

经测算后得到该项目施工安全管理绩效评价得分为 86.82，达到优良水平。说明项目施工安全控制水平较高，控制效果显著。但是存在部分评价指标得分较低的情况，仍有可提升空间。

6.3.2 施工安全管理改进策略

以钢筋混凝土冷却塔施工安全管理绩效评价指标权重（表5-4）和施工安全管理绩效评价结果（表6-7）分别作为 IPA 模型中的横坐标和纵坐标，以此绘制 IPA 矩阵图，如图6-9所示。

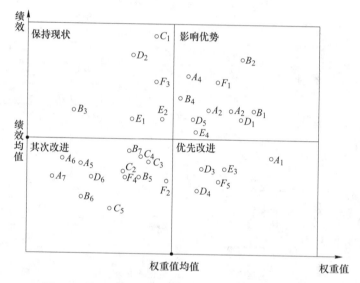

图6-9 施工安全管理绩效评价权重—绩效值分析矩阵

在图6-9中将34个评价指标分到4个不同的区域内，每一个区域之间有明显的优先级比较，但是同一区域内的优先级还难以进行比较。利用IPA方法确定了指标的大致优先级，需要利用"沙桶模型"计算每个区域内指标的优先级，进行优先排序并提出改善措施，如表6-8所示。

表6-8 施工安全管理绩效评价指标优先排序及改善措施

改善优先级		改善措施	改善优先级		改善措施
"影响优势"区					
1	B_2	全面进行关键节点验算	6	B_4	持续进行安装检查
2	F_1	丰富安全教育内容	7	A_3	确保控制中心的运转
3	A_4	持续进行屈曲验算	8	D_1	补充危险源辨识
4	B_1	完善施工荷载布置	9	D_5	重视事故处理
5	A_2	提升施工方案可操作性	10	E_4	遵循安全管理法规

改善优先级		改善措施	改善优先级		改善措施
"保持现状"区					
1	C_1	持续进行稳定性验算	4	E_2	遵循生产法规
2	D_2	落实安全责任制	5	E_1	遵循生产法规
3	F_3	维持安全教育强度	6	B_3	严格控制架体材料
改善优先级		改善措施	改善优先级		改善措施
"优先改进"区					
1	A_1	优化结构设计	4	F_5	提高考核标准
2	E_3	建立健全企业制度	5	D_4	全面进行隐患排查
3	D_3	加强日常安全检查			
改善优先级		改善措施	改善优先级		改善措施
"其次改进"区					
1	C_3	加强环境安全监测	8	D_6	完善应急预案
2	C_4	全面检查设备	9	A_5	持续强度检测
3	F_2	增加专项技术培训	10	C_5	完善安全控制专项措施
4	B_7	完善安全控制专项措施	11	A_6	健全监测系统
5	B_5	监督拆除作业	12	A_7	完善安全控制专项措施
6	F_4	合理化安全投入	13	B_6	监督提升作业
7	C_2	健全监测系统			

通过沙桶模型进一步得到IPA矩阵象限中每个评价指标的改善优先级，对于施工单位提升施工安全控制更具有指导意义。

参 考 文 献

［1］李慧民．土木工程安全生产与事故案例分析［M］．北京：冶金工业出版社，2015.

［2］李慧民，孟海，陈曦虎．土木工程安全检测与鉴定［M］．北京：冶金工业出版社，2014.

［3］李慧民，周崇刚，裴兴旺，等．特种筒仓结构施工关键技术及安全控制［M］．北京：冶金工业出版社，2018.

［4］刘焰，刘敏，杨建华．超大型冷却塔稳定性分析［J］．建筑结构，2014，44（21）：82~85.

［5］柯世堂，朱鹏．超大型冷却塔施工全过程风致稳定性能演化规律研究［J］．振动与冲击，2018，37（10）：172~180，193.

［6］雷本宏，陆灏，张栋．13000m^2超大型冷却塔结构设计研究［J］．中国电业（技术版），2014（10）：38~41.

［7］刘飞．自然通风冷却塔筒壁三角架翻模和电动爬模施工工艺比较［J］．建筑安全，2008（1）：20~22.

［8］张远．双曲线冷却塔风筒利用三脚架翻模施工技术［J］．建筑技术开发，2016，43（1）：98~100.

［9］潘明．基于施工过程仿真模拟的悬挑结构卸载方案优选研究［D］．长沙：长沙理工大学，2015.

［10］王兆勋．复杂结构时变分析与设计方法研究［D］．哈尔滨：哈尔滨工业大学，2014.

［11］邓先德．施工现场重大危险源动态管理系统研究与应用［D］．重庆：重庆大学，2009.

［12］赵文芳，万古军，张广文，等．重大危险源定量风险评估实例解析［J］．安全与环境学报，2013（5）：239~243.

［13］孙嘉天．基于系统动力学的安全投入决策研究［D］．沈阳：沈阳航空工业学院，2009.

［14］王君旭．基于数据包络法的安全绩效指标有效性测评研究［D］．北京：中国地质大学，2013.

［15］董胜宪．超大型冷却塔结构设计与研究［J］．电力勘测设计，2011（2）：44~46.

［16］胡芳．大型公共工程项目绩效评价研究［D］．长沙：湖南大学，2012.

［17］蒋元苗．基于系统动力学的建筑施工危险源控制研究［D］．西安：西安建筑科技大学，2016.

［18］方放．基于IPA的服务质量测评及提升策略研究［D］．沈阳：东北大学，2010.

［19］朱顺应，吴俣，王红，等．轨道交通服务改善措施排序方法——沙桶模型［J］．系统工程理论与实践，2015，35（11）：2849~2856.

冶金工业出版社部分图书推荐